"4차 산업혁명 미래 보고서"

마이데이터의 시대가 온다

PROLOGUE

국내외에서도 Data, Network, AI를 기반으로 하는 4차 산업혁명이 활발하게 이루어지고 있으며, 특히 코로나로 인한 비대면의 확산은 데이터 경제로의 이전을 가속화하고 있습니다.

데이터와 관련한 혁명적 아이디어들이 많이 등장하고 있지만, 그중에서도 정보 주체가 본인이 원하는 곳으로 데이터를 이전시켜 활용하는 '마이데이터'는 4차 산업혁명의 중심에서 새로운 부가가치 창출의 핵심 자원으로 각광받고 있습니다. 특히, 마이데이터의 경우 그동안 데이터 활용에 있어 소외되었던 개인이 데이터의 소유주로서 권리를 행사할 수 있도록 구현하고 있다는 점에서 단순한 기술의 진보를 넘어 개인의 데이터 주권회복이라는 부분에서 높이 평가받고 있습니다.

마이데이터는 우리나라에서 처음 소개되거나 제도화되지는 않았습니다. 하지만 2022년 현시점에서 제도화 차원이나, 실제 활용되는 서비스의 다양성 차원에서 대한민국의 마이데이터가 전 세계적으로 가장 선도하고 있다고 자부할 수 있습니다. 우리나라 마이데이터는 발전한 IT기술과 초고속 통신망을 기반으로 핀테크 기업에서 자산관리, 금융상품 추천 등의 서비스를 제공하며 시작되었으며, 이어 『신용정보법』, 『전자정부법』등에 마이데이터 구현을 위한 자료전송 요구권이 반영되면서 제도적 기반이 마련되었습니다. 현재는 이를 기반으로 현재 금융,

공공 분야에서 많은 마이데이터 사업자들이 자신만의 독창적인 서비스 모델로 다양한 마이데이터 서비스를 제공하고 있으며, 앞으로 의료, 통신 등 여타 산업분야로의 확산도 기대됩니다. 바야흐로 마이데이터의 시대가 오고 있는 것입니다.

우리나라 마이데이터가 가장 선도에 있는 만큼 우리 앞에 놓인 길은 전인미답의 길이라 할 수 있습니다. 참고할만한 해외 사례가 존재하지 않는 만큼 누구도 성공의 길을 제시하거나 방향성을 예단할 수는 없습니다. 하지만 지금까지 우리가 보여온 개척자 정신(pioneership)으로 한 걸음씩 나아간다면, 우리가 걷는 길이 표준이요, 우리의 발자취가 곧 마이데이터 산업의 미래가 될 것입니다.

그동안 대한민국의 데이터 컨트롤 타워인 「대통령직속 4차산업혁명위원회」에서도 마이데이터의 확산을 위해 지속적인 노력을 해왔습니다. 민간 전문가들로 구성된 마이데이터분과위원회에서 수개월 간의 분과회의를 통해 소비자와 기업이 원하는 방식으로 마이데이터 제도가 추진될 수 있도록 논의를 이어왔습니다. 산업계·학계·법조계 최고의 전문가들이 각자의 전문분야에 관해 의견을 발제하고 상호 논의한 결과들은 정책·제도 마련에도 적극 반영되었습니다. 그리고 그 결과를 담은 『마이데이터 발전 종합정책』이 지난 6월, 4차산업혁명위원회 의결을 거쳐 발표되었습니다. 이 종합정책은 여러 정부 부처나 기업들에서 마이데이터 관련 제도나 서비스를 기획하는데 기초가 되는 대한민국 마이데이터의 청사진으로 평가받고 있습니다.

『마이데이터의 시대가 온다』는 마이데이터분과에서 활동했던 전문가들이 분과 회의를 통해 해왔던 수많은 논의 속에서 나누었던 고민과 결과들을 엮어 발간하게 된 책입니다. 세계를 선도하는 대한민국 마이데이터 정책과 마이데이터의 현 주소를 구체적으로 설명하는 데 집중하고, 마이데이터가 앞으로 나아가야 할 방향을 담았습니다.

독자분들도 『마이데이터의 시대가 온다』를 통해 마이데이터의 미래를 함께 그려보시기 바랍니다. 이 책이 마이데이터 발전의 촉매가 되어 대한민국 마이데이터가 세계 시장에서도 우뚝 설 수 있는, 대한민국 데이터 산업의 신성장 동력이 되길 기대합니다.

배일권(대통령직속 4차산업혁명위원회 데이터기획관) 등 저자 일동

C O N T E N T S

제 2 장

마이데이터, WHERE ARE TO GO?

제 **01** 장

마이데이터,
WHAT IT IS?

4차 산업혁명 미래 보고서 ————

마이데이터의
시대가 온다

4차 산업혁명과 마이데이터

:: 마이데이터, 왜 주목받는가?

최근 국내·외에선 데이터를 기반으로 모든 분야에서 디지털 전환 (Digital Transformation)이 일어나는 4차 산업혁명이 활발히 진행 중이다. 이러한 변화의 과정에서 데이터를 얼마나 잘 활용하는지가 공공·민간 은 물론 개인의 혁신 역량과 성과를 결정하는 주요 경쟁력이 되었다.

데이터는 '21세기의 원유'라는 말처럼 그 가치가 새롭게 인식되면서 다양한 분야에서도 데이터의 확보와 활용에 노력을 기울이고 있다. 하 지만 '유용한 데이터'로 불리는 데이터들은 개인정보를 포함하고 있는 경우가 많다. 따라서 개인정보보호 규제를 준수하면서 데이터를 가치 있게 활용하는 방안이 사회적 논점으로 대두되고 있다.

개인정보가 포함된 데이터를 활용하는 방안 중의 하나로 가명처리 방식이 사회적 논의를 거쳐 「개인정보 보호법」에 도입되었다('20). 가명 처리란 개인정보 일부를 삭제·대체하여 추가 정보 없이는 특정 개인을 알아볼 수 없도록 처리하는 것이다. 그리고 가명처리를 한 경우엔 통 계·연구적 목적으로 정보주체의 동의 없는 활용이 가능하게 되었다.

다량의 개인정보를 포함한 빅데이터를 가진 기업들이 마침내 데이터를 분석·활용할 수 있는 길이 열렸다. 하지만 아직 본격적으로 활용되고 있지는 못하다. 이는 가명처리의 본질적인 한계 때문이다. '가명처리'란 작업이 개인을 알아보지 못하도록 데이터를 일반화하는 작업이다. 그러다 보니 가명처리의 수준을 높이면 데이터 활용 가치가 낮아지고, 반대로 가명처리 수준을 낮추면 개인 식별 가능성이 높아진다.

데이터를 활용하려는 정보보유 기업은 가명처리를 최대한 적게 하면서 온전한 데이터를 이용하고자 한다. 반면 프라이버시를 중요시하는 정보주체나 시민단체 등에서는 개인을 식별할 수 있는 가능성을 최소한으로 줄이기 위해 강한 수준으로 데이터가 비식별화되길 원한다. 이렇게 이해관계가 상충함에 따라, 어느 수준의 가명처리가 적정한지에 대해 산업계·연구계, 그리고 가명·익명처리 및 데이터 결합을 담당하는 데이터전문기관 등 이해관계자들의 논의가 한창이다. 따라서 다양한 시도를 통해 경험을 쌓아가는 과정에 있다고 할 수 있다.

최근, 개인정보를 포함한 데이터를 활용하는 대안으로, 정보주체 동의를 받아 데이터를 수집·활용하는 마이데이터 방식이 주목받고 있다. 마이데이터를 통한 데이터 활용은 가명처리와 달리 정보주체 동의를 받아야 한다. 때문에 규제 이슈에서 상대적으로 자유롭고, 원본 데이터를 그대로 사용할 수 있어 활용 가치도 높은 것이 장점이다.

마이데이터의 시대가 온다

구분	가명처리 방식	마이데이터 방식
① 데이터 보유	기관	기관
② 데이터 활용 결정	기관	정보주체
③ 개인정보 동의	가명처리 시 미동의	동의기반 원본 데이터 활용
④ 데이터 흐름	기관 내에서 분석 (가명결합은 외부위탁)	기관에서 내려받거나 제3자로 전송하여 활용

〔표 1〕 가명처리 방식과 마이데이터 방식 비교

아울러 마이데이터를 통해 능동적으로 정보주체가 이전할 본인의 정보를 결정하고 적극적으로 서비스에 활용하게 되었다. 이 점에서 데이터의 능동적 활용으로 패러다임을 전환했다고 평가받고 있다.

우리나라의 고속 네트워크망과 스마트폰 대중화는 정보주체 동의 획득과 데이터 관리가 필요한 마이데이터 서비스가 빠르게 발전할 수 있는 기반을 조성하였다.

마이데이터는 새롭게 등장하는 분야인 만큼 우리나라가 신속하게 제도화와 산업화에 성공한다면 전 세계적으로 급성장하고 있는 데이터 서비스 시장을 우리나라가 선도할 기회를 제공한다고 평가된다. 이것이 대한민국에서 현재 마이데이터가 주목받는 이유이다.

:: 마이데이터의 핵심 키워드, 전송요구권

마이데이터란 정보주체가 본인정보를 적극 관리·통제하고, 이를 신용, 자산, 건강관리 등에 주도적으로 활용하는 서비스, 또는 그렇게 전달·활용되는 데이터 자체를 의미한다.

마이데이터가 구현되기 위한 핵심 원리는 정보주체의 「자료전송 요구권」에 기반하는데 이는 ❶정보주체가 ❷정보제공자로 하여금 본인이 원하는 서비스를 제공받기 위해 ❸데이터의 전송을 요구하는 권리로 정의할 수 있다.

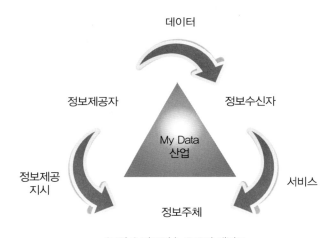

〔그림 1〕 자료전송 요구권 개념도

예를 들면, 기존엔 소상공인이 자금지원 신청을 위해 관공서에서 서류를 발급받아 소상공인 진흥공단에 직접 제출해야 했으나, 마이데이터가 도입되면 정보주체가 관할부처로 하여금 필요한 행정 문서를 바

마이데이터의 시대가 온다

로 소상공인 진흥공단으로 전달하도록 지시할 수 있다. 금융 분야에서는 은행, 카드, 보험 등 나의 금융거래 정보를 마이데이터 사업자로 전송토록 지시하여 이전된 데이터를 기반으로 내가 원하는 재무관리, 신용정보 관리 및 맞춤형 상품 추천 등 다양한 서비스를 받을 수 있다. 향후에 마이데이터가 전 산업으로 확산되어 나가게 되면 의료, 교육, 통신 분야 등에서도 이러한 내 정보 전송 지시를 통한 다양한 서비스를 받을 수 있게 된다.

마이데이터를 통한 데이터 전송요구권 제도의 도입은 정보주체 측면에서 개인의 개인정보 통제권을 확립한다. 그리고 산업 측면에서는 신사업 등장과 진입장벽 해소를 통해 데이터산업 활성화에 기여할 수 있을 것으로 기대된다.

보다 구체적으로는 개인의 경우 개인정보의 통제권 및 자기결정권을 얻게 된다. 과거 정보주체는 본인 개인정보를 업체가 요구하는 경우 활용에 동의하는 등 수동적 방식으로 개인정보를 활용하였다. 그러나 마이데이터를 통해서는 정보주체가 능동적으로 개인정보의 제공과 활용을 선택할 수 있게 된다. 이를 통해 정보주체는 '내 데이터를 내 뜻대로' 활용할 수 있게 됨으로써, 정보주체의 데이터에 대한 자기결정권이 확립된다. 동시에 정보주체는 본인정보를 원하는 곳으로 이동시킴으로써 본인에게 적합한 개인정보처리자를 선택할 수 있게 된다. 이에 따라 개인정보처리자들이 보유하고 있는 본인정보의 유지 여부도 본인이 판단하고 정할 수 있어 마이데이터를 통해 자기 정보에 관한 통제권을 온전히 실행할 수 있게 된다.

  아울러, 마이데이터를 통해 서비스 제공자 간 경쟁 활성화도 기대된다. 데이터의 이동이 자유로워지면, 소비자가 서비스를 보다 쉽게 '갈아탈 수' 있게 됨에 따라 사업자에 대한 구속(lock-in)이 완화될 수 있다. 기존에 기업이 주도하고 활용해왔던 개인정보 및 데이터에 관한 권리를 개인이 가지게 되면, 소비자는 본인 데이터 이전을 통해서 보다 혜택이 많은 서비스로 쉽게 전환할 수 있다. 이 과정에서 사업자들은 소비자들의 선택을 받기 위해 보다 치열하게 서비스 경쟁을 할 수밖에 없다. 이러한 과정에서 사업자들의 데이터 독점 문제가 해소되어 서비스 및 가격 경쟁이 촉진된다. 그리고 이를 통해 산업 효율성 및 소비자 후생이 전반적으로 증가할 것으로 예상된다.

  진입장벽 해소를 통한 신규시장 창출 역시 기대되는 부분이다. 데이터 이동권의 확대는 신규 사업자들의 시장 진입장벽을 낮춤으로써 소비자의 데이터 부족으로 인한 시장진입의 어려움을 해소할 수 있다. 따라서 기존 사업자 외에 다양한 신규 공급자의 시장참여 기회를 제공할 것으로 기대된다. 기존의 데이터 유통 구조에서 플랫폼 사업자, 대기업은 고객 유치를 많이 할수록 쌓이는 정보량이 방대해진다. 그리고 이러한 정보를 활용하여 보다 차별화된 상품을 제공하여 다시 고객의 유치를 확보함으로써 승자 독식(winner-take-all)의 시장구조를 심화시킬 우려가 있었다.

마이데이터의 시대가 온다

반면 마이데이터는 다양한 정보가 신규 사업자에게도 이전될 수 있다. 그뿐만 아니라, 소비자가 해당 서비스를 위해 필요한 정보를 제공함에 따라, 신규 사업자도 서비스에 대한 아이디어만 있다면 다양한 상품 개발 및 제공이 가능해졌다. 마이데이터가 정착되면 사회 전반의 데이터 유통을 촉진시키면서 플랫폼에 의한 데이터 독점효과를 완화시킨다. 그리고 이를 통해 시장의 왜곡 문제 역시 개선할 수 있을 것으로 기대된다. 또한 서비스 제공자는 고객별 데이터를 기반으로 데이터의 결합, 활용이 가능해진다. 따라서 고객의 다양한 수요에 부합하는 혁신적이고 유용한 서비스를 제공할 수 있을 것으로 전망된다.

:: 마이데이터의 5단계 발전 과정

마이데이터는 서비스 제공자가 관리하고 있는 나에 관한 데이터를 단순히 열람하거나 다운로드하는 것에서부터 다른 분야의 서비스 제공자에게 내 데이터를 전송하도록 요구하여 서비스를 제공받는 것까지 다양한 수준으로 구현될 수 있다. 정보주체의 권리 보장 및 서비스 구현체계를 기준으로 4차산업혁명위원회는 마이데이터 발전 단계를 아래와 같이 0단계에서부터 4단계까지 총 5단계로 구분해 보았다.

단계		설명
0단계	조회	스마트폰(또는 컴퓨터)으로 홈페이지(또는 앱)에 접속해서 정보를 열람하는 수준
1단계	저장	홈페이지(또는 앱)에 접속해서 나에 관한 데이터를 내려 받아 저장하는 수준으로, 초기 단계
2단계	전송요구	한 기관에서 다른 기관으로 내 데이터를 전송하도록 요구하고 이를 이행하는 단계(내보내기 또는 가져오기)
3단계	대리활용	전송요구를 통해 내 데이터를 한곳으로 모은 후, 이를 기반으로 맞춤형 서비스를 제공받는 단계
4단계	전 분야 확산	본인의 적극적 관리·통제 하에 모든 분야에서 내 데이터를 내 뜻대로 안전하고 편리하게 활용하는 단계

〔표 2〕 마이데이터의 발전 단계

우선, 데이터를 내려받아 저장하거나 전송을 요구할 수 있는 권리를 기반으로 0~2단계를 정의할 수 있다.

마이데이터의 시대가 온다

0단계 – 조회(열람)

↑

요청조회

　0단계는 모바일 앱이나 홈페이지에서 나의 정보를 단순 열람할 수 있는 단계로, 마이데이터 도입 이전 단계이다. 개인정보 열람권은 일반법인 「개인정보 보호법」에 이미 반영되어 보장되고 있으며, 열람 기능은 개인정보를 처리하는 대부분의 서비스에서 이미 구현되어 있다.

　인터넷·스마트 뱅킹에서 내 계좌 목록, 잔고 및 이체내역 등을 열람하거나, 쇼핑몰의 마이페이지에서 내가 구매한 이력을 열람하는 것 등이 이 단계의 조회 행위에 해당된다.

1단계 – 저장

↑ ↓

요청조회

1단계는 모바일 앱이나 홈페이지에 접속해서 나에 관한 데이터를 내려받아 저장하는 단계로, 마이데이터 초기 단계에 해당한다. 영국에서 시작된 midata 역시 1단계인 저장 방식으로 마이데이터가 구현되었다. 그리고 해외의 많은 마이데이터 서비스가 아직 정보 주체가 정보를 내려받는 1단계 수준을 구현하고 있다.

이러한 데이터 저장 방식은 마이데이터 제도 이전부터 많은 사이트에서 구현되어 있기도 하였다. 공공기관에서 PDF 파일 형태로 증명서를 다운로드하거나 인터넷 뱅킹에서 Excel 파일 형태로 거래내역을 다운로드하는 것이 이에 해당할 수 있다. 하지만 단순 열람·보관용이 아닌 데이터 이동을 위한 다운로드는 CSV, XML과 같은 비독점 표준 포맷으로 제공되어야 한다. 최근엔 이러한 비독점 표준 포맷으로 데이터 다운로드를 지원하는 서비스가 점점 더 많아지고 있다.

개인에 관한 정보들을 일괄로 다운로드하는 기능은 데이터의 이동성(Portability)를 제공해주는 기초적이면서도 유용한 방법이지만 한편으론 보안상 위험한 면도 공존한다. 일목요연하게 정리된 개인정보들이 하나의 파일 형태로 저장되기 때문에 그 파일을 잘못 관리하여 외부에 노출되거나 해커에 의해 탈취당할 경우 프라이버시에 심각한 침해가 될 수 있다. 따라서 이 1단계에서는 정보 주체에 대한 철저한 인증, 그리고 데이터의 안전한 저장·보관·폐기 방안이 함께 고려되어야 한다. 예를 들어 복수의 인증 수단을 통해 본인 여부를 명확하게 확인하거나, 제공된 자료를 서버에 오래 보관하지 않고 지체없이 파기하는 등의 철저한 보완관리가 요구된다.

마이데이터의 시대가 온다

2단계 - 전송요구

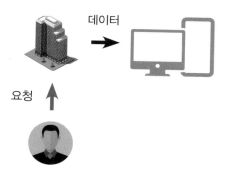

전송요구 단계는 정보주체가 특정 서비스에 저장된 본인에 관한 정보를 다른 서비스로 전송하도록 요구할 수 있는 단계이다. 1단계처럼 정보주체가 직접 자신의 개인정보를 다운로드하여 다른 서비스에 업로드할 필요 없이, 사업자 간에 직접 전송을 지시하는 것이다. 2단계인 전송요구 단계부터 마이데이터의 핵심 원리인 '데이터 전송요구권'이 현실에서 본격적으로 구현되는 단계라고 할 수 있다.

2단계부터는 데이터가 사용자를 거치지 않고 제공자에서 수신자에게도 바로 전달되기 때문에 제공자와 수신자 간 보안이 더욱 중요해진다. 2단계에서는 1단계에서의 철저한 인증, 적절한 보관·폐기뿐만 아니라, 자동화된 자료전송 과정에서의 암호화, 처리 과정에서의 안전성 등도 중요하게 관리되어야 한다.

이러한 2단계에서, 마이데이터에 대한 법률·제도적 근거가 갖추어지고 그에 따라 참여자가 늘어나게 되면, 데이터 활용이 폭발적으로 확대되고 데이터가 자유롭게(seamless) 흐르는 3~4단계로 발전할 것으로 전망된다.

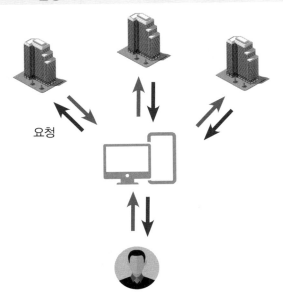

요청

3단계는 다양한 데이터 통합 조회·분석 서비스가 생겨날 수 있는 '대리활용' 단계라고 할 수 있다. 이 단계에서는 마이데이터 사업자들이 자신들의 어플리케이션이나 웹사이트 등을 통해 고객을 대리하여 다양한 데이터 보유자에게서 데이터를 전달받는다. 그리고 이렇게 모인 데이터를 대리자가 분석하여 여러 가지 고객 맞춤서비스를 제공하게 된다. 대표적인 예로 계좌 거래 내역, 카드 내역, 예·적금 및 대출 내역 등의 금융 정보를 통합 분석하여 자산관리, 소비·지출관리 등을 제공하는 금융비서 서비스가 있다.

마이데이터의 시대가 온다

마이데이터 사업자가 고객을 대리하여 전자적으로 데이터를 전송 요구하고, 지체없이 표준화된 데이터를 API로 제공받아 실시간 서비스를 제공하기 위해서는 데이터 제공자 또한 이에 대응할 수 있는 시스템을 갖추어야 한다. 그리고 다양한 정보 제공자와 마이데이터 사업자를 연결하기 위한 중계기관이나, 데이터 전송 기준, API 표준 등을 정하기 위한 협의회, 마이데이터 사업자를 심사하거나 점검하기 위한 공공의 역할이 더해질 수 있다. 이렇게 3단계는 마이데이터 제도화를 위한 인프라망이 갖춰지는 단계라고 할 수 있다.

4단계 - 전 분야 확산

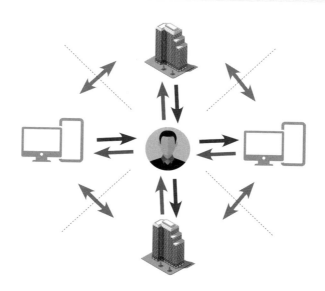

　　4단계는 4차위가 제시하는 마이데이터 발전 단계의 종착점으로, 전 산업 분야에서 분산된 나의 데이터를 내가 원하는 대로 자유롭게 모

으고 이동시킬 수 있는 단계를 말한다.

마이데이터 확산을 위한 제도화, 기술·데이터 표준화 등은 각 산업별로 취급 정보의 민감도나 데이터 생태계 등이 반영된다. 따라서 초기에는 산업 분야별로 제도화가 진행될 것으로 전망된다.

마이데이터는 금융분야의 핀테크 업체가 가장 먼저 금융 마이데이터 서비스를 제공하면서 「신용정보법」이 개정·시행되어 마이데이터 제도를 선도하고 있다. 이후 2021.12월엔 「전자정부법」이 개정·시행되면서 공공분야에도 마이데이터가 도입되었다. 아울러, 그 밖에도 의료, 통신 분야 등에서도 마이데이터 도입을 위한 준비가 이루어지고 있다. 이렇게 시장의 수요나 제도 정착 시기가 분야별로 다르므로 마이데이터의 추진 단계에서도 차이가 발생하게 된다.

분야별로 발전하는 마이데이터는 각 산업과 이해관계의 특성을 잘 반영할 수 있다는 특징이 있지만, 분야별 특수성이 두드러지면 보편성이 떨어지는 한계도 존재한다. 특히, 데이터 활용 관점에서는 특정 산업분야 내에서는 데이터가 활발히 이동하더라도 이종 산업 분야 간 데이터가 흐르지 못하는 장벽이 생길 수 있다.

하지만 정보 주체 관점에서는 보다 다양한 정보가 잘 융합되고, 편리하게 활용되는 것이 데이터의 효용 가치를 높이는 길이다. 이를 위해서는 마이데이터에 활용되는 데이터가 제도적 장벽 없이 원활하게 이동될 수 있어야 한다. 4차산업혁명위원회는 분야 간 경계 없이 마이데이터가 자유롭게 확산되는 이러한 단계를 마이데이터의 최종 지향점인 4단계로 정의하였다.

마이데이터의 시대가 온다

:: 선진국의 마이데이터, 무엇을 하고 있나?

해외 주요국들에선 이미 2011년부터 마이데이터와 관련된 정책들이 마련되고 있었다. 2018년에는 EU가 개인정보 보호법인 GDPR 개정을 통해 '개인정보 이동권'을 신설하여 법적 기반을 마련하는 등 해외에서 마이데이터 사업이 먼저 진행되고 있었다고 할 수 있다.

유럽 연합

유럽연합(이하 'EU')는 2018년 5월, 온라인 서비스에서의 정보주체 선택권을 확대하고, 데이터에 대한 독점을 완화하여 공정경쟁 환경을 조성하고자 '개인정보 이동권(Right to data portability)' 등을 반영한 「일반 개인정보 보호법(GDPR, General Data Protection Regulation)」을 개정하였으며, 이는 마이데이터 제도 도입을 위한 입법적 토대가 마련된 것으로 평가받는다.

GDPR 개정 내용 중 정보제공 주체의 권리와 관련하여 신설·강화된 조항은 '처리 제한권, 개인정보 이동권, 반대권, 삭제권' 등 4개 조항이며, 그중 개인정보 이동권은 마이데이터를 위한 핵심 권리로서 정보주체 본인에 관한 개인정보를 직접 수령하거나, 다른 개인정보 처리자에게 전송하는 것을 보장하는 권리이다.

구체적으로 정보주체는 '개인정보 이동권'을 통해 본인의 개인정보를 체계적이고 통상적이며, 기계 판독이 가능한 형식으로 수령할 수 있고, 다른 개인정보처리자에게 본인의 개인정보를 이전할 수 있게 되었다.

권리		주요내용
신설	처리 제한권	– 정보 제공 주체는 본인에 관한 정보 처리에 대해 제한을 요구할 권리가 있음 – 예외적으로 정보주체의 동의가 있거나 공익상의 중요한 목적일 경우 등은 처리제한의 요청이 있더라도 처리가 제한되지 않을 수 있음
	개인정보 이동권 (자료전송 요구권)	– 정보 제공 주체는 본인의 개인정보를 체계적이고 통상적이며, 기계 판독이 가능한 형식으로 수령할 권리가 있고, 다른 개인정보 처리자에게 해당 개인정보를 이전할 권리를 가짐
강화	반대권 (프로파일링 거부권)	– 정보 제공 주체는 특별한 상황에 따라, 언제든지 본인과 관련된 개인정보의 처리·프로파일링을 거부할 권리를 가짐 – 연구목적인 경우라도 공익을 위한 업무 수행이 아니면 반대할 수 있음
	삭제권 (잊힐 권리)	– 개인정보 제공 주체는 본인에 관한 정보의 삭제를 요구할 수 있는 권리를 가짐 – 예외적으로, 표현·정보의 자유에 대한 권리 행사, 공적 권한, 공익적 목적 등의 경우는 적용되지 않음

〔표 3〕 GDPR상 정보제공 주체의 권리 관련 신설·강화 조항〕

정일영·이명화·김지연·김가은·김석관, "유럽 개인정보보호법(GDPR)과 국내 데이터 제도 개선방안"STEPI Insight 227권, 과학기술정책연구원, 2018.12, 8면.)

이와 같은 개인정보 이동권은 정보주체의 적극적인 권리행사를 통해 데이터 유통 생태계를 구현하는 마이데이터 정책의 근거법적인 역할을 하고 있다.

이와 별도로 EU는 GDPR 개정에 앞선 2018년 1월, 「제2차 지급결제산업 지침(PSD2, Payment Services Directive2)」을 통해 우리나라 금융분야 마이데이터 산업에 해당하는 '본인계좌정보 관리업(Account Information Service)'을 도입하기도 했다.

마이데이터의 시대가 온다

영국

영국의 마이데이터 사업은 기업혁신부(BIS, 現 기업에너지산업전략부 BEIS) 주도로 2011년 'midata 이니셔티브'를 발표하면서 시작되었다. 'midata 이니셔티브'는 기업과 소비자가 간 정보의 불균형을 해소하고 소비자가 정보에 기반한 결정과 최선의 선택을 할 수 있도록 지원하는 것을 목적으로 하고 있다.[1] 이후 2013년에는 'midata Innovation Lab(mIL)'을 개설하고 마이데이터 기반 산업에 대한 시범사업을 추진하였다. 25개 기업과 기관이 참여하여 프로토타입의 앱을 개발하였고 마이데이터의 실효성을 검증하기 위한 실증 프로젝트를 운영하였다.

민간에서는 마이데이터와 관련된 서비스가 출시되기도 하였다. 2015년, Gocompare社는 정보주체가 본인의 은행 거래 데이터를 직접 다운받아 제출하면 거래내역을 통합 비교해 주거나, 최적 상품 추천을 해주는 금융 마이데이터 서비스를 제공하였고, 이후에는 금융서비스와 관련된 개인정보를 API 형태로 제공하는 오픈뱅킹을 2018년 1월에 시행하기도 하였다.

영국 정부는 midata 정책 추진과 병행하여 법적 기반도 마련하였다. 2013년 8월, 에너지, 이동통신, 소비자금융, 신용카드 등 분야에서 기업은 고객의 요청이 있을 경우 고객의 정보를 전자적 형태로 본인이나 본인의 요청이나 규정에 의한 제3자에게 제공하도록 「기업 및 규제 개혁법」을 개정하였다.

---

[1] 조성은·정원준·이시직·이창범·박규상, "개인주도 데이터 유통 활성화를 위한 제도 연구", 정보통신정책연구원, 2019.10, 37면.

프랑스

프랑스는 Mesinfos(메젱포) 프로젝트 및 「디지털 공화국법」을 통해 개
인정보 이동권을 구현하고 있다.

Mesinfos 프로젝트는 2012년부터 추진된 프로젝트로, 기업이 보유
한 고객의 데이터를 정보주체가 직접 활용할 수 있는 서비스를 제공하
고 있다. 2016년에는 에너지, 은행, 통신 등 8개 이상의 고객 데이터
보유기업·기관과 2,500~3,000명의 소비자가 참여한 프로젝트를 추진
하였다.

민간 분야에서는 'Cozy Cloud'가 클라우드 기반의 마이데이터 서비
스를 제공하고 있다. Cozy Cloud는 개인별 클라우드(PDS)에 데이터를
모아 다양한 서비스를 제공하고 있다. 구체적으로 정보주체는 Cozy
Cloud가 제공하는 클라우드(PDS)에 개인데이터를 모아 놓고, Cozy
pass, Cozy Bank 등의 개별 서비스와 연계하여 신원관리, 금융 분석
서비스 등 다양한 서비스를 제공받을 수 있다.

2016년에 제정된 「디지털 공화국법」은 소비자가 언제든지 본인의 모
든 데이터를 회수할 수 있는 권리에 대해 규정하고 있다. 소비자가 온
라인에 게재한 모든 파일, 계정 이용 시 생성된 데이터, 본인과 관련된
기타 데이터 등을 회수하거나 타 서비스 제공자에게 이동할 수 있는 권
리를 확립하고 있다.[2]

----

[2] 개인정보보호위원회, "개인정보 이동권 & 개인정보관리 전문기관 도입배경 및 향후 기대효과",
대한민국 마이데이터 정책 컨퍼런스 발표자료, 7면.

마이데이터의 시대가 온다

미국

미국은 EU의 GDPR처럼 공공과 민간을 포괄하는 개인정보보호 관련 일반법은 부재하지만, 정보주체에게 정보 접근 기회를 확대하는 데이터 개방의 일환으로 2011년부터 연방정부 주도하에 Smart Disclosure(스마트 공시) 정책을 추진하고 있다.

의료, 에너지, 교육 등 분야별 본인의 데이터를 내려받을 수 있는 '버튼 시리즈' 서비스를 제공하고 있다. 개인의 건강 데이터를 다운로드 받을 수 있는 '블루버튼', 에너지 사용 내역을 소비자가 확인할 수 있도록 지원하는 '그린버튼', 교육자료 및 학자금 지원 데이터를 내려받을 수 있는 '마이스튜던트버튼(MyStudent button)' 등이다.

특히, 금융 분야의 경우 정보주체의 신용정보를 기반으로 통합조회, 맞춤형 상품 추천, 신용정보 제공 등 다양한 서비스를 제공하는 핀테크 기업이 출현하여 개인 맞춤형 서비스를 제공하고 있다. MINT는 은행 계좌, 신용카드 사용내역, 자산내역 등 데이터를 기반으로 통합 자산 조회 및 소비 내역 조회 서비스를 제공하고 있다. Credit Karma는 신용점수·보고서 데이터를 기반으로 무료 신용정보 제공 및 신용카드, 대출 등 맞춤형 금융 상품 추천 서비스를 제공 중이다.

미국은 연방정부 차원에서는 개인정보에 관한 일반법을 가지고 있지 않으나 주법인 「캘리포니아주 소비자 프라이버시 보호법(California Consumer Privacy Act, CCPA)」에서 개인정보 이동권을 규정하고 있다. 소비자로부터 자신의 개인정보에 대한 접근 요구를 받은 사업자는 소비자

요구에 따라 개인정보를 소비자에게 제공 또는 소비자가 지정한 제3자에게 이전하여야 한다.[3]

또한, 특정 법률에서는 민간기관이 수집한 정보(건강기록, 신용보고서 등)에 대한 접근도 가능하다. 미국「의료정보 보호법(HIPAA, The Health Insurance Portability and Accountability Act)」Privacy Rule은 정보주체가 건강기록 복사본을 받을 수 있도록 보장하고 있다. 그리고 미국「가족의 교육권 및 프라이버시법(FERPA, The Family Educational Rights and Privacy Act)」은 학부모·학생이 학교가 관리 중인 교육 정보를 확인이 가능하도록 규정하고 있으며,「공정신용보고법(FCRA, The Fair Credit Reporting Act)」은 기업이 작성한 개인 신용 보고서 열람이 가능하도록 규정하고 있다.

일본

일본에서 추진하고 있는 '정보이용신용은행(정보은행)'은 정보주체로부터 개인데이터 활용에 대한 신탁을 받아 운영하는 방식을 말한다. 즉, 정보은행이 정보주체인 개인과의 계약에 따라 데이터를 관리하고, 개인 지시 또는 지정한 조건에 따라 타당성을 판단한 후 데이터를 제3자에게 제공하는 모델을 말한다.

일본 정부는 정보은행과 관련된 정책 검토 후, 2018년 5월에 정보은행의 실증사업 공모를 실시하여 관광, 금융, 의료, 인력 등 다양한 분야에 대한 실증사업을 추진하였다.

---

3) 조성은·정원준·이시직·이창범·박규상, "개인주도 데이터 유통 활성화를 위한 제도 연구", 정보통신정책연구원, 2019.10, 116면.

마이데이터의 시대가 온다

또한, 2018년 6월에는 총무성과 경제산업성이 공동으로 정보은행 사업자 인증 기준 마련을 위한 지침(정보은행의 사업자 인증에 관한 지침)을 공개하기도 하였다. 이 지침에 기초하여, '일본 IT 단체연맹'은 정보은행 인증제도를 실시하고 있으며, 2년마다 갱신 여부를 심사하고 있다. 참고로 인증제도는 2가지로 구분되는데 정보은행이 인증기준을 모두 충족하는 '일반인증'과 시범서비스가 가능한 경우에 해당하는 'P인증(P: Preparation)'으로 구분된다.

정보은행 사업을 추진하고 있는 사례는 다음과 같다.

먼저, 'NIPPON Platform'은 정보주체인 중소 개인 상점의 결제데이터, 고객 속성 데이터를 제공하고 개인에게 할인, 포인트, 지역통화 등과 같은 방식을 대가를 제공하고 있다. '미쓰비시 UFJ 신탁은행'은 체성분·체지방률·골격근량 등 신체데이터, 보행수·수면·통근 등 행동데이터, 계좌잔액·출입금 등 자산 데이터를 제공하고 정보 제공료(500~1,000엔/기업), 생활 개선 서비스 등을 제공하고 있다.[4]

---

4) 조성은·정원준·이시직·이창범·박규상, "개인주도 데이터 유통 활성화를 위한 제도 연구", 정보통신정책연구원, 2019.10, 69면.

:: 우리의 마이데이터, 어디까지 와 있나?

법제도 분야

마이데이터를 구현하기 위한 데이터전송 요구권의 제도화는 일반법적 근거 마련과 산업 특성을 반영한 개별법 개정의 두 가지 방향(two track)으로 추진되고 있다.

먼저, 개별법인 「신용정보법」, 「민원처리법」, 「전자정부법」은 개정되어 시행 중이다. 금융 분야에서 「신용정보법」이 개별법 중 가장 먼저 개정을 완료, 2021년 2월부터 시행되어 금융 분야 마이데이터 사업시행 기반을 마련하였다. 「민원처리법」도 제3자 자료전송 요구권 개정을 완료, 2021년 10월부터 시행되었으며 정보주체가 공공기관으로부터 민원처리기관에 자료전송을 요구할 수 있는 근거를 확립하였다. 최근에는 행정정보를 제3자에게 제공토록 하는 「전자정부법」 개정안도 개정을 완료하여 2021년 12월부터 시행 중에 있다.

이미 데이터전송 요구권이 법률 개정을 통해 반영된 금융, 공공분야 외에 마이데이터 전 분야 확산을 위한 일반법적 근거 마련은 「개인정보 보호법」 개정을 통해 추진 중이다. 모든 분야에 적용될 수 있는 일반법으로서 「개인정보 보호법」은 개인정보 전송요구권 등을 반영한 개정안이 입법예고('21.1월~2월), 차관회의·국무회의를 거쳐 2021년 9월에 국회에 제출되었으며 현재 국회에서 논의 중에 있다. 일반법으로서 「개인정보 보호법」의 개정이 신속하게 추진되어 마이데이터 사업의 기반·동력이 조속히 마련될 필요가 있다.

마이데이터의 시대가 온다

법률	추진단계	주요내용
신용정보법	개정완료, '21.2월 시행	• 개인신용정보 전송요구권(제33조의2) • 금융분야 마이데이터 산업(본인신용정보관리업) 신설(제2조9의2) • 마이데이터 사업자 허가제 운영 및 의무 규정(제4조, 제11조, 제22조의9 등) • 신용정보전산시스템의 안전보호(제19조) • 신용정보 관리기준 준수, 기록보존, 신용정보 관리·보호인 지정(제20조)
신용정보법 시행령	개정완료, '21.2월 시행	• 마이데이터업 허가 세부요건(령 제6조) • 마이데이터업 행위규칙(영 제18조의6) • 마이데이터업 민감정보 및 고유식별정보 처리 허용 근거마련(령 제37조의2)
민원처리법	개정완료, '21.10월 시행	• 민원인 요구에 따른 본인정보의 민원 처리기관 간 공동이용(제10조의2)
전자정부법	개정완료, '21.12월 시행	• 정보주체 본인에 관한 행정정보의 제공 요구권(제43조의2)
개인정보 보호법	개정중 (국회제출, '21.9월)	• 개인정보 전송요구권(제35조의2) • 개인정보관리 전문기관 지정(제35조의3)

〔표 4〕 마이데이터 근거법 개정 주요 내용

민간 비즈니스 분야

핀테크 업체 중심으로 추진해온 마이데이터 사업은 금융에서 의료·공공분야로의 확대와 제도화 과정 등을 거쳐 확산 논의가 진행 중에 있다.

앞서 마이데이터에 대한 발전 단계를 기준으로 각 분야에 대한 마이데이터 진척 정도를 평가해보면 우리나라 각 산업별로 마이데이터의 발전 정도에 차이가 나는 점을 알 수 있다.

우선 마이데이터가 가장 먼저 시작된 금융분야는 0에서 4단계 중 3단계 수준으로, 법률개정, 마이데이터 사업자 허가 등을 거쳐 2022년 1월부터 본격적으로 서비스가 실시되었다.

공공분야는 본인정보를 제한된 형태(묶음정보)로 특정 제3자에 제공하여 왔으나, 「전자정부법」 시행으로 제3자 전송요구의 제도화가 마무리되고, 해당 정보가 민간으로 이전될 예정인 점에서 2단계로 평가될 수 있다.

통신분야의 경우 정보주체의 요구가 있는 경우 요금납부정보를 금융마이데이터 사업자에 일부 전송이 가능한 점에서 1.5단계로 평가될 수 있다.

의료분야는 2021년 3월부터 실시중인 「나의건강기록 앱」을 통해 정보주체가 진료이력, 건강검진이력(건보공단), 투약이력(건강보험심사평가원), 예방접종이력(질병청) 등의 자료를 열람·다운받을 수 있다는 점에서 1단계 수준이나, 의료 데이터의 제3자 전송요구를 할 수 있는 「마이헬스웨

　　　　　　　　　　　　　　　　　　마이데이터의 시대가 온다

이 플랫폼」사업 추진 계획을 발표하고 2~3단계로 나가기 위한 사업을
추진 중에 있다.

마이데이터의 분야별 추진 정도가 다른 것처럼 데이터를 주고받는
정보제공자·수신자 선정 방식, 주고받는 데이터 내용·표준, 데이터 보
안 등 관련 기준과 절차도 분야별로 상이하다. 이에 따라, 단기적으로
는 분야별 특성을 고려하여 마이데이터 활성화를 도모하되, 궁극적으
로 분야의 장벽 없이 데이터가 자유롭게 흐르는 마이데이터 4단계를
지향하며 관련 법·제도를 마련해 나갈 필요가 있다.

보안 관리 분야

「신용정보법」은 금융 마이데이터 사업자에게 금융회사 수준의 높은
정보·보안 의무 부여하고 있어 다른 분야 도입 시 참고할 필요가 있다.
　먼저,「신용정보법」상 금융 마이데이터 사업자에 대해서는 허가요건
으로 기존 신용정보회사 등에 비해 강화된 개인 정보보호·보안 수준
을 요구하고 있다.

개인·개인사업자 신용평가업, 기업신용조회업, 신용정보집중기관	본인신용정보관리업
보안 시스템 •방화벽, 침입을 탐지·경고·차단할 수 있는 보안시스템 마련	보안 시스템 •침입차단·탐지시스템, 이동식저장장치 통제 프로그램, 바이러스 및 스파이웨어 탐지 및 백신프로그램 마련

암호화 처리	암호화 처리
• 데이터 암호화처리 체계 마련	• 안전한 데이터 암호화 처리방침 및 암호처리 시스템 구축
백업·복구	백업·복구
• 백업 및 소산관리 대책을 강구	• 백업 및 복구시스템, 백업 대책
—	• 전자적 침해행위 방지대책(망 분리) • 비상계획, 재해복구 훈련 실시 체계 • 물리적 보안설비 • 외부접속 시 안전한 접속·인증수단

〔표 5〕 신용정보법상 허가사업자 주요 허가 요건

(금융감독원, "본인신용정보관리업(MyData) 허가 매뉴얼, 2020.8, 8~10면.)

또한, 기존 신용정보회사와 유사한 수준의 정보보호, 안전성 관리의무도 부과하고 있다.

기술적·물리적 보안대책	관리적 보안대책
• 접근 통제 • 접속기록의 위·변조방지 • 개인신용정보의 암호화 • 컴퓨터바이러스 방지 • 출력·복사시 보호조치	• 신용정보관리·보호인 지정 • 개인신용정보의 조회권한 구분 • 개인신용정보의 이용제한 등 • 제재기준 마련

〔표 6〕 기술적·물리적·관리적 보안대책(신용정보업 감독규정)

「전자정부법」은 「본인에 관한 행정정보의 제공 등에 관한 고시」를 통해 공공분야 마이데이터 사업자들이 준수해야 할 보안기준을 마련하고 있다. 그리고 「개인정보 보호법」에서는 정보 전송관련 보안 기준의 구체적인 사항을 하위법령에서 규정할 예정이다. 정보주체의 신뢰를 기

반으로 자료전송이 활발하게 이루어지기 위해서는 무엇보다 정보보호,
보안 체계가 확립될 필요가 있다.

4차 산업혁명 미래 보고서

마이데이터의
시대가 온다

대한민국의 마이데이터가
나아갈 길

:: 마이데이터 발전을 위한 종합정책, 어떻게 진행되나?[5]

2021년, 4차산업혁명위원회 내에 민·관 합동 데이터특별위원회가 발족되었다. 이와 동시에 4차산업혁명위원회가 부처별로 분산 추진되어 오던 데이터 정책에 대한 종합적인 '범국가 데이터 컨트롤타워'로서의 역할을 맡게 된다. 데이터특별위원회 산하에 마이데이터분과도 신설되었고 산·학·연에서 모인 각계 전문가들이 마이데이터 분과에 참여함으로써 마이데이터가 나아가야 할 방향에 대해 심도 있는 논의를 시작하였다.

그 결과 2021.6월 4차산업혁명위원회는 관계부처 합동으로 「마이데이터 발전 종합정책」을 발표하고 대한민국 마이데이터 발전의 청사진을 제시하였다.

---

5) 4차산업혁명위원회 및 관계부처 합동 발표, 「마이데이터 발전 종합정책」, 2021.6.11.

단계적 추진 목표

4차산업혁명위원회는 마이데이터 제도를 통해 정보주체에게는 자기 결정권 확립과 데이터 기반의 다양한 서비스 제공을, 산업적 측면에서는 데이터 개방·활용을 통한 디지털경제를 촉진한다는 비전을 수립하였다. 제도화 측면에서, 우선 마이데이터를 통한 산업 단위의 데이터 이용 활성화를 도모하고, 결과적으론 국가 전체적으로 데이터가 경계 없이(seamless) 유통·활용되는 단계로 발전해 나갈 수 있도록 아래와 같은 단계적 추진 목표를 수립하였다.

(1) '21년~'22년: 법제도 기반 마련, 사업 개시

- 일반법인 「개인정보 보호법」 및 시행령 개정을 추진하고 정보 주체의 데이터 접근을 위한 본인확인(인증), 데이터 전송, 저장·관리 등 전반에서의 정보보호·보안 기준을 확립한다.
- 분야별로 준비가 마무리되면 사업을 시작하고, 초기 단계에서 다양한 국민체감 서비스 제공에 주력한다.

(2) '22~'23년: 모든 분야 마이데이터 준비완료 및 분야별 활성화

구체적인 마이데이터 사업 정보대상 범위, 진입수준, 유통정보 보호 방안 등에 대한 제도를 완성하고, 각 분야별 마이데이터 제도를 본격 시행한다.

민간의 마이데이터 수요를 지속적으로 파악하고 발굴하여 마이 데이터 산업 활성화를 지원한다.

마이데이터의 시대가 온다

(3) '24~'25년: 데이터의 공유·분석과 광범위한 활용

데이터의 안전한 활용을 지원하는 기술개발(예: 온디바이스 AI, 연합학습, 동형암호) 및 적용 등을 통해 산업간 데이터 공유를 촉진한다.

데이터 상호 연계·공유 시 안전한 정보 이전, 사고 시 책임주체 명확화 등 보안관리를 강화할 예정이다.

〈4차위의 마이데이터 발전 비전도 〉

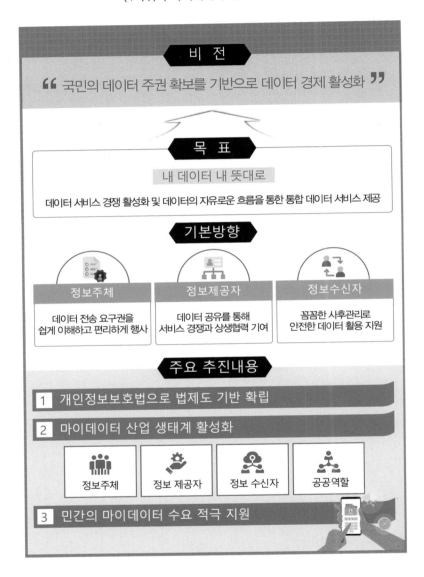

마이데이터의 시대가 온다

이러한 단계를 밟아 나가기 위해 4차위에서는 마이데이터 정책에 대한 방향성을 확립하는 몇 가지 전략과 원칙을 제시하였다.

「개인정보 보호법」 개정을 통해 마이데이터 구현

2021년 1월 개최된 규제혁신 해커톤에서 개인정보 이동권과 관련된 논의가 있었다. 당시 「의료법」, 「교육법」 등 각 산업을 규율하는 모든 법률들을 하나씩 개정해가며 마이데이터 제도를 확대시켜 나가는 데에는 너무 많은 시간이 걸린다는 것이 전문가들의 일관된 의견이었다. 또한 개인정보 이동권은 정보주체의 기본 권리인 만큼 개인정보에 관한 일반법인 「개인정보 보호법」에 관련 내용이 규율되는 것이 필요하다는 의견이 제시되었다.

결국 신속한 추진 체계, 그리고 법·제도 방향의 일관성, 정보주체의 기본 권리 보장 등을 위해 일반법인 「개인정보 보호법」에 개인정보 이동권을 규정하고, 분야별 특성을 감안한 세부사항은 각 산업 분야의 관할 부처에서 고시를 통해 규율하는 것으로 합의점을 도출하게 된다.

이미 법 개정이 완료되어 진행 중이던 금융분야(신용정보법), 그리고 일부 개정이 진행된 공공·행정분야(민원처리법, 전자정부법)을 제외한 나머지 분야는 법률 개정 없이 일반법인 「개인정보 보호법」의 개인정보 이동권을 적용받아 마이데이터의 법적 기반을 마련하게 되는 것이다.

개인정보위 주도의 마이데이터 거버넌스 구축

   상술하였듯, 마이데이터는 기본적으론 「개인정보 보호법」을 통한 제도 기반을 마련할 예정이다. 마이데이터 제도 시행을 위한 세부적인 사항은 「개인정보 보호법」 하위 규정에서 정하되, 관계부처 협의를 통해 구체화해 나갈 계획이다.

개인정보법 개정 (개인정보위, '22.上)	시행령 개정 (개인정보위, '22.下)	분야별 고시 제정 (각 부처, '22.下)
• 전송요구권 도입 • 개인정보관리전문기관(정보수신자) 역할 정립	• 정보제공자 지정 기준 • 정보수신자 지정 기준·절차, 관리·감독 • 정보제공 수수료	• 정보제공자 지정 : 매출액, 개인정보 규모 등을 고려한 분야별 대상 기관 • 정보수신자 지정 : 개인정보 관리 수준, 보안체계 구비 수준 등 평가 • 제공 정보 구체화 : 종류, 범위, 표준, 보안 절차 등 업계 의견수렴 진행

〔표 7〕 개인정보 보호법제하의 제도 마련 계획

   개인정보보호위원회는 법·제도를 추진해나감과 동시에 정보전송 체계수립을 위한 「마이데이터 표준화 협의회」를 우선적으로 출범('21.11월)시켰다. 개인정보위, 4차위, 금융위, 교육부, 과학기술정보통신부, 보건복지부 등 마이데이터 관계부처 국장들이 참여하는 협의체를 통해 마이데이터 표준화 및 각 부처별 마이데이터 추진 내용에 대한 연계·협조가 이루어지고 있다.

개인정보 자기결정권 제고 및 데이터주권 확립

마이데이터 시스템상에서는 정보주체의 전송요구권 행사에 따라 개인에 관한 상당히 많은 정보가 다른 사업자에게 전달될 수 있다. 이러한 정보 전송이 마이데이터 사업자의 영리 추구만을 위해 이루어지거나, 개인이 원하거나 필요하지 않는 이상으로 전송요구권이 행사되지 않도록 하기 위한 방책들이 필요하다.

우선 정보주체가 전송요구 절차, 전송되는 정보 등을 제대로 이해하고 전송요구를 처리할 수 있도록 보장해야 한다. 금융 분야에서는 이러한 방침을 '알고하는 동의'라는 제도로 명명하고 정보주체들이 마이데이터 서비스 웹, 앱 등에서 본인들의 정보가 누구에게 왜, 어떻게 전송되는지 명확히 알 수 있도록 표현 방식, 문구, UI/UX 등을 설계해나가고 있다.

또한 정보주체의 전송요구뿐만 아니라 전송요구권 행사에 대한 철회, 그리고 이미 전송된 데이터에 대한 삭제 요구권도 보장되어야 한다. 그리고 고객이 전송요구권을 행사할 수 있는 정보의 범위가 지속 확대될 수 있도록 분야별 의견수렴 및 협의체, 점검체계 마련 또한 중요하다.

이런 체계들이 잘 운용될 수 있도록 정부는 정보주체가 편리하게 전송요구권 등을 행사할 수 있는 통합 마이데이터 종합서비스를 구축할 계획이다. 마이데이터 종합서비스는 정보주체가 본인 정보의 이용·관리 실태를 한눈에 확인할 수 있도록 관련 정보를 제공하고, 마이데이터 사업자가 연계되어 있는 종합서비스를 통해 소비자의 간편한 자료전송·철회요구 시행, 서비스 선택·이용을 지원한다.

또한 정보주체 입장에서는 안전하고 편리하게, 그리고 산업적 연계 측면에서도 통합 인증 및 상호연계를 지원할 수 있는 안전한 인증방식을 구축해나갈 예정이다.

개인에 관한 모든 데이터 제공 원칙

정부는 정보주체의 요청에 따라 데이터가 자유롭게 이전되도록 제공 데이터 범위를 폭넓게 인정해나가겠다는 방침이다. 다만, 정보제공자의 부담 또한 고려해야 하므로, 보유 개인정보의 규모, 산업별 특성 등을 종합적으로 감안하여 단계적인 개방을 해나가는 것이 바람직하다. 중·장기적으론 이종산업간 데이터가 전송·활용될 수 있도록 기술표준을 마련하고 데이터 규격화 등을 지속 추진해갈 예정이다.

금융	공공 (행정기관 등)	의료	통신
신용정보 (신용정보법령 명시)	행정정보 (보유기관 장과 협의)	의료정보 (공공기관, 의료기관 등)	통신정보 (기간, 부가통신 사업 자 등)

〔표 8〕 정보 유형별 마이데이터 전송 범위

또한 정보제공자에 대한 비용감축 및 인센티브 제공 방안도 마련한다. 정보제공 대상 범위가 커질수록 정보제공자의 부담도 커질 수밖에 없다. 따라서 정부는 정보제공자(기업·기관)들이 공동으로 이용할 수 있는 중계시스템 등을 지원하는 한편 정보제공에 따른 적절한 보상·인센티브 방안도 설계해나갈 계획이다.

　마이데이터의 시대가 온다

마이데이터 사업자 진입규제 최소화와 면밀한 사후관리

마이데이터 사업자가 되기 위한 자격, 인적·물적 요건들이나 심사제도 등에 따라 어떤 사업자들이 시장에 진입할 수 있는지에 대한 차이가 발생한다. 정부는 민간 기업 등 시장의 다양한 참여자가 정보주체가 필요로 하는 서비스를 다양하게 제공할 수 있도록 합리적으로 진입제도를 설계할 방침이다. 진입규제는 가급적 낮은 수준으로 설정하되 산업 분야별 특성이 반영되어 조금씩 다른 기준이 적용될 수는 있다.

공통	금융	공공	의료	통신
개인정보 보호법 시행령에 공통사항 규정	신용정보법 하위규정에 마련	전자정부법 하위규정에 마련	개인정보법 고시로 지정	개인정보법 고시로 지정

〔표 9〕 정보 유형별 정보수신자 진입규제

진입 규제가 낮은 만큼 보안이 소홀해지지 않도록 더 큰 관심과 노력을 기울여야 한다. 따라서 마이데이터 사업자에 대한 엄격한 보안 관리 기준, 가이드라인을 적용하는 등 촘촘한 사후관리 의무를 부과할 방침이다.

영역	구분	내용
사전 심사	관리적 측면	– 개인정보 유출 손해배상 책임보험 가입 – 책임관계 명확화 및 자체 제재기준 마련
	기술적 측면	– 방화벽 및 침입탐지(차단) 시스템 구축 – 개인정보 처리시스템에 대한 접근기록 저장

| 사후 관리 | 관리적 측면 | – 내부 관리계획에 대한 이행실태 점검 확인
– 정보보호 프로그램 운영 현황 실사 |
| | 기술적 측면 | – 접근기록 점검 기준 및 점검 기록 실사
– 데이터 암호화 및 접근통제 현황 실사
– 망 분리, 백업 · 소산, 재해복구 등 |

〔표 10〕 정보보호·보안 사전·사후 관리 방안 (예시)

이렇게 분야별 특성이 반영된 다양한 라이센스 취득 기준들이 만들어진다면 사업자 입장에서는 유사한 기준으로 심사를 여러 번 받아야 하는 번거로움이 발생할 수도 있다. 그래서 4차위에서는 관계부처들과의 협의를 거쳐 중·장기적으론 단일 창구(single window)를 통한 라이센스 신청·심사 등 라이센스 취득 과정의 편의를 제고하는 방안들을 고려 중이다.

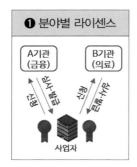  

〔표 11〕 라이센스 취득 편의 제고 단계

(1) 분야별 라이센스(A License)

「개인정보 보호법」 및 「신용정보법」 등에 기반하여 개인정보위 또는 관계부처의 장이 정보 주체에 대한 라이센스 발급 여부를 심사·결정

마이데이터의 시대가 온다

하는 방식이다. 가장 초기 단계로, 각 산업 분야마다 유사한 기준으로 반복 심사를 받아야 할 수도 있다.

(2) 약식 심사(Simple Pass)

특정 라이센스 취득 후 타 라이센스 신청시 '약식'절차로 라이센스를 발급하는 방식이다. 각 분야별 중복 요건 등은 상호 인정하고 비 중복 부분을 중점적으로 심사하는 것이다. 반복적으로 심사를 받긴 해야 하지만 유사한 기준으로 중복 심사를 받는 번거로움은 해소될 수 있다.

(3) 단일심사 창구(Single Window)

여러 부처가 참여하는 포털 등 창구를 통해 정보 수신자가 복수 라이센스를 간편하게 신청·취득하는 방식이다. 단일심사 창구에서 각 부처가 정한 기준들을 종합 고려하여 심사하고, 여러 라이센스를 동시에 부여하거나 여러 분야에서 사용될 수 있는 범용 라이센스를 부여하는 방식이다.

공공은 생태계 활성화에 도움이 되는 기반 조성에 주력

마이데이터는 데이터 분석을 통한 초개인화 서비스 등 혁신 서비스가 많이 발현될 수 있는 모델이다. 따라서 공공기관은 공익적 필요성이 특히 큰 분야, 인프라 제공 등에 집중하고, 서비스 개발·제공 등의 비즈니스는 전문성이 있는 민간 기업이 수행토록 함으로써 데이터 경제 활성화에 기여할 수 있다.

구분	역할
심사 및 사후관리 지원	– 보안 대책 컨설팅 및 사전 심사 지원 – 사후 점검 · 실사 지원 등
공익성 인프라 운영	– 인증서 발급 · 중계 등 통합 인증 인프라 운영 – 마이데이터 지원 · 관리 서비스 포털 구축 · 운영
의견수렴 및 표준화 추진	– 산업분야의 의견 조율을 위한 워킹 그룹 운영 – 데이터 및 API 표준화 방안 수립

〔표 12〕 공공 업무 영역(예시)

주요기업의 마이데이터 공유와 협력

전 산업분야에 걸친 마이데이터 제도화는 정착되려면 상당한 시일이 소요될 수밖에 없다. 따라서 정부는 법령 개정 이전이라도 주요 민간 기업들이 마이데이터 형식으로 데이터를 공유할 수 있도록 협력체계를 구축하겠다는 방침이다.

먼저, 관계부처 협조를 통해 산업 분야별 대표 기업과 국민들에게 바로 도움이 될 수 있는 핵심 데이터를 선정하여 마이데이터를 이용한 개방을 추진할 계획이다. 이를 통해 기업들의 마이데이터에 대한 인식을 제고할 수 있으며, 기업들은 사전에 데이터 표준화, 보안 확보 방안 등을 점검하고 구현하는 기회로 활용할 수 있다.

또한 공공성을 가지면서 데이터 및 기술·보안 전문성이 있는 한국지능정보사회진흥원(NIA), 한국인터넷진흥원(KISA), 금융보안원, 신용정보원 등의 기관들을 통해 예비 사업자들에게 전문가 컨설팅을 제공하고 예산을 보조하는 등의 지원을 함으로써 대표 기업들의 마이데이터 참여를 유도할 계획이다.

마이데이터의 시대가 온다

:: 개인정보 전송요구권 도입: 마이데이터의 시작

　일반법인 「개인정보 보호법」 개정을 통하여 전 산업분야를 아우르는 마이데이터를 구현하고자 하는 국가 전략에 따라, 개인정보보호위원회는 「개인정보 보호법」 개정을 추진하고 있다.

　2021년 1월, 개인정보 전송요구권을 규정하는 「개인정보 보호법」 개정안이 입법예고 되었으며, 9월에 국무회의를 통과하여 국회에 제출되었다. 개인정보보호위원회는 향후 개인정보법 및 하위규정을 구체화하는 과정에서 다음의 방식으로 마이데이터의 전산업 확산을 추진할 예정이다.

정보 전송 의무자

　「개인정보 보호법」상 개인정보처리자는 시간, 비용, 기술적으로 허용되는 범위 내에서 처리가능하고 구조화된 형식으로 개인정보를 정보주체 또는 제3자에게 전송할 의무가 부여된다. 하지만 모든 개인정보처리자에게 전송의무가 해당되는 것은 아니며, 개인정보 처리능력, 매출액, 개인정보 보유규모, 산업별 특성 등을 고려하여 전송의무를 개인정보처리자에게 부여한다. 구체적인 정보제공 의무자 지정 기준은 연구용역 및 산업계·전문가 등의 의견을 충분히 수렴하여 마련할 예정이며, 이는 정보 전송 안정화 추이를 보아가며 단계적으로 확대해나갈 방침이다.

매출액 \ 규모	1만명 미만	1만명 ~10만명 미만	10만명 ~100 만명 미만	100만명 이상
10억 미만	34.9%	1.2%	0.4%	0.1%
10억~50억 미만	18.0%	1.4%	0.2%	0.04%
50억~100억 미만	12.6%	1.2%	0.3%	0.03%
100억 이상	22.3%	6.0%	1.3%	0.3%

〔표 13〕 정보통신서비스 제공자의 개인정보 규모 등 현황(추정)
(2020 개인정보보호 실태조사 재가공)
(단위 : %, 모집단 수 : 701,175개 정보통신서비스 제공자)

정보 수신자

개인정보 전송 요구권을 통해 정보를 수신받을 수 있는 대상은 정보
주체 본인, 다른 개인정보처리자 또는 개인정보관리 전문기관으로 규
정된다. 여기서 '개인정보관리 전문기관'이란 「신용정보법」에서 말하는
'본인신용정보관리회사'를 비롯하여 '중계기관'까지도 포괄하는 개인정
보를 관리·분석 및 전송을 지원하는 공공·민간 기관을 의미한다. 개
인정보관리 전문기관은 개인정보위 또는 관계 중앙행정기관에 지정 신
청을 하고 심사를 받아 지정 기준에 적합하다고 판단되면 지정된다.

개인정보관리 전문기관의 구체적인 지정 기준은 하위 시행령, 고시를
통해 구체화될 계획인데, 법률에서는 아래와 같은 큰 범주의 요건을
제시하였다.

- 개인정보를 전송·관리·분석할 수 있는 기술수준 및 전문성
- 개인정보를 안전하게 관리할 수 있는 안전성 확보조치 수준

마이데이터의 시대가 온다

• 개인정보관리 전문기관의 안정적인 운영에 필요한 재정능력

개인정보위는 개인정보 처리의 안전성·신뢰성을 확보할 수 있는 기준을 마련하되, 분야별 특성에 맞는 다양한 기관 지정이 가능하도록 최소한으로 규정할 계획이다.

개인정보관리 전문기관은 개인정보보호위원회 및 관계 중앙행정기관으로부터 필요한 지원을 받을 수 있으며 서비스 운영에 따른 비용을 받을 수 있도록 규정되어 있다. 하지만 전문기관이 지정요건을 갖추지 못하게 된 경우 등이 발생하면 언제든지 지정이 취소될 수도 있다.

전송요구 대상 정보

전송요구의 대상이 되는 정보는 정보주체의 동의를 받아 처리되는 개인정보, 계약의 체결 및 이행을 위하여 처리되는 개인정보이다. 즉 개인이 직접 입력한 정보나, 거래 과정에서 자연스럽게 생긴 거래내역 등은 기본적인 전송요구 대상이 된다.

하지만 개인정보처리자가 수집한 개인정보를 기초로 분석·가공하여 별도로 생성한 정보는 전송 대상에서 제외된다. 또한 전송 대상 정보는 컴퓨터 등 정보처리장치로 처리되는 개인정보여야 한다. 서면으로만 존재하는 자료 등은 전송요구권 행사에 따른 전송대상 정보에서 제외된다.

:: 마이데이터 전 산업 확산을 위한 필수 관문
– 데이터 표준화[6]

표준화, 왜 필요한가?

마이데이터를 통해 정보가 원활하게 이동되기 위해서는 정보 제공자와 수신자 간에 전송 정보의 대상과 형태에 대한 합의, 즉 '표준화'가 필수적이다.

그동안 마이데이터 데이터 표준화는 금융마이데이터 사업 시행과 연계하여 금융 분야에서 중점적으로 추진된 바 있다. 금융 분야에서는 금융위원회를 주도로 하여, 금융보안원(기술분과), 신용정보원(서비스분과)을 간사로, 각 협회, 금융회사 등이 참여하는 TF를 구성하여 정보 제공 항목 선정 등 표준화를 진행하였다.

금융권의 경우 금융회사와 신용정보기관 간 활발한 데이터 교환이 이루어지는 신용정보 집중관리·활용 체제 등으로 다른 산업 분야에 비해 데이터가 비교적 정형화되어 있는 편이다. 이런 금융데이터의 경우에도 표준화에 2년 이상이 소요된 상황에서 국가 차원의 전 분야 데이터 표준화는 더 장기간이 소요될 것으로 전망되어 조속한 추진이 필요할 것으로 보인다.

「마이데이터 발전 종합정책」이 처음 발표된 제1차 데이터특별위원회에서, 윤성로 위원장은 마이데이터 사업을 위한 자료전송 요구권 등 제

---

6) 개인정보보호위원회 및 관계부처 합동 발표, 「마이데이터 데이터 표준화 방안」, 2021.9.28.

　　　　　　　　　　　　　　　　　　　마이데이터의 시대가 온다

도기반이 마련되기 전 데이터 표준화를 우선 추진할 필요가 있다고 당부하였다. 이에 따라 「마이데이터 발전 종합정책」의 후속조치로 개인정보보호위원회가 「마이데이터 데이터 표준화 방안」을 마련하여 발표하게 되었다.

먼저, 개인정보위가 제시한 7가지 데이터 표준화의 기본 방향은 다음과 같다.

첫째, 마이데이터 사업의 기초가 되는 데이터 표준화를 사전에 준비해나감으로써 마이데이터의 기반을 조속하게 마련한다.

둘째, 민간수요를 기반으로 소비자가 필요로 하는 데이터를 우선 선정하되, 데이터 제공자의 부담도 고려한다.

셋째, 동일정보에 대해서는 범부처가 공통의 표준화 방식을 공유·활용함으로써 이종산업 간 데이터확산 기반을 마련하고 중복투자를 방지한다.

넷째, 먼저 표준화가 진행된 데이터는 타 산업에서도 동일한 형태를 따름으로써 전 산업 간 데이터 확산·연계 기반을 마련한다.

다섯째, 데이터 표준화는 데이터 제공기관의 여건 등이 감안될 수 있도록 단계적으로 추진한다.

여섯째, 데이터가 안전하게 활용될 수 있도록 하는 보안을 강화한 '안전한 데이터 이동'을 추진한다.

일곱째, 관계부처와 유관기관이 함께 참여하는 협의체를 구성함으로써 국가 차원의 데이터 표준화를 일관되고 질서 있게 추진한다.

또한 전 산업분야에 걸친 데이터 표준화인 만큼, 개인정보보호위원회는 범부처와 합동으로 데이터 표준화 거버넌스를 구축한다. 구체적으론 아래와 같이 「마이데이터 표준화 협의회」을 중심으로 추진하되 분야별TF를 구성하여 일관되고 효율적이면서도 분야별 특성을 존중하는 방향으로 국가 차원의 데이터 표준화를 추진하겠다는 계획이다.

〈 마이데이터 표준화 추진체계 〉

협의회는 마이데이터 표준화 총괄 등 전 분야의 공통항목 표준화를 담당하고, 분야별TF는 소관 분야별 데이터 표준화 총괄 및 시스템 구축 등을 지원하는 역할을 한다. 협의회와 분야별TF 간 협력하에 다양한 분야의 데이터가 표준화될 수 있도록 아래와 같이 단계별로 표준화를 추진한다.

1단계 - 데이터 표준화 대상 선정기준 마련

정보주체의 요청에 따라 데이터가 전 분야 간 막힘없이 자유롭게 이전되도록 정보제공 범위를 지정하고, 예외적으로 제외하는 네거티브

                                     마이데이터의 시대가 온다

규제방식을 도입한다. 중앙행정기관이 기 추진중인 분야별 마이데이터 전송범위와 업계 현황 등을 고려하여 전송대상 정보를 구체화·범주화 하는 방식이다. 현재 「개인정보 보호법」 개정을 통해 추진되는 전송 요구 대상(안)은 아래와 같다.

전송 요구 대상 포함	전송 요구 대상 불포함
• (제15조제1항제1호, 제23조제1항제1호, 제24조제1항제1호) 동의를 받아 처리되는 개인정보 • (제15조제1항제4호) 계약에 근거하여 처리되는 개인정보 • (개정안 제35조의2제2항제3호) 컴퓨터 등 정보처리 장치로 처리되는 개인정보	• 분석 및 가공을 통해 별도로 생성한 정보 • 제3자의 권리나 정당한 이익을 침해하는 정보

〔표 14〕「개인정보 보호법」일부개정안 정부안('21.9.28. 국회제출) 기준

표준화 대상으로는 수요, 용이성, 구체성 등을 감안하여 필요한 분야 및 데이터 유형을 발굴할 예정이다. 수요 관점에서는 민간 및 관계 부처 등으로부터 수요조사를 실시하여, 활용 수요가 높거나 시급성이 인정되는 데이터를 우선 선정하고, 용이성 관점에서는 분야 내 또는 이종산업간 전송가능성이 높은 데이터를 우선적으로 선정한다. 이때 개인 단위로 구분이 어려운 데이터[7], 비정형 데이터[8] 등 표준화를 위해 추가적인 가공방안의 도출이 필요한 경우 중장기적으로 표준화를 추진할 계획이다. 구체성 관점에서는 향후 개인정보 전송요구권을 바탕으로 한 새로운 서비스 등 구체적인 수요가 있는 경우 맞춤형 표준화 방

---

7) 공동주택 호수 단위로 부과되는 전기세, 수도세 정보, 주소로만 조회가능한 임대차 정보 등
8) 음성 녹취파일, 이미지, 수기문서, 영상 등

안을 별도로 검토할 예정이다.

2단계 - 데이터 수요조사 및 대상 확정

　마이데이터를 위한 데이터 표준화·활용 수요는 'bottom up' 방식과 'top down' 방식의 two-track으로 진행한다. bottom up 방식은 민간을 대상으로 수요를 조사하는 것이다. 분야별 TF, 4차산업혁명위원회 등 다양한 경로를 통해 업계, 소비자 등의 수요를 파악함으로써 데이터표준화 대상을 발굴할 수 있다. top down 방식은 정부 관계부처 주도의 발굴이다. 각 부처, 유관기관 등이 정책적 목적, 공익 등을 위해 필요한 경우 데이터 항목을 파악하여 이를 표준화 대상에 포함한다. 이렇게 데이터 수요조사 및 선정기준을 바탕으로 표준화 대상을 확정하고, 개인 식별을 위해 활용될 수 있는 공통정보와 분야별 정보를 구분해야 한다. 그리고 분야별 TF를 중심으로 데이터 선정기준을 고려하여 표준화 우선순위를 정하고, 협의회 논의를 거쳐 표준화 대상을 확정하게 된다.

3단계 - 데이터 용어 표준화

표준화 대상이 확정되고 나면 데이터 용어를 표준화하는 단계로 넘어가게 된다. 각 데이터 항목을 부르고, 표기할 표준화된 이름과 규칙 등을 부여하는 것이다. 이러한 용어 표준화도 아래와 같은 단계에 따라 진행한다.

〈데이터 표준화 절차〉

먼저 사전 준비 단계는 데이터 표준화 원칙을 수립하고 데이터를 분류 및 구조화하는 단계이다.

표준화 원칙은 데이터의 용어, 명칭의 의미가 중복 또는 혼동되지 않고 일관된 형태로 표준화될 수 있도록 하기 위해 가장 기본이 되는 전제를 정해두는 것이다.

금융보안원의 「데이터 유통 가이드라인」에서는 유통 데이터 표준화를 위한 대전제적 고려사항을 제시하고 있는데, 이 또한 표준화 원칙의 사례로 참고할 수 있다.

특성	고려사항
고유성	• 특정 데이터 개념을 표현하는 데이터의 명칭은 다른 개념을 표현하는 명칭과 동일하지 않은 값일 것 ex) 자택 주소(HOME_ADDR), 현재 거주지(HOME_ADDR) ⇨ 영문명 구분

규칙성	• 데이터 명칭을 구성하는 용어·단어들은 통일된 규칙을 가질 것 • 용어의 축약, 나열 순서 등이 통일되지 않을 경우 같은 의미를 가진 중복된 데이터 명칭이 혼용될 수 있음 ex) 총 판매액(TT_SALE_AMT), 총 구매액(BUY_TOTAL_AMOUNT) ⇨ 영문명 표기 규칙 통일
보편성	• 데이터 명칭은 데이터를 취급하는 관점에서 보편타당하게 인지될 것 • 데이터 명칭 구성 시 업무에서 보편적으로 사용되는 표현을 차용해야 함 ex) 통장 잔고(BANKBOOK_REMAIN) ⇨ 계좌 잔액(ACC_BAL)
충분성	• 데이터의 명칭은 데이터 개념을 충분히 표현할 수 있도록 구체적일 것 • 충분성이 고려되지 않을 경우 향후 데이터가 다양해질수록 고유성 위배 가능성 ex) 판매 실적 ⇨ 총 판매액, 당월 판매 건수로 구분

〔표 15〕 유통 데이터의 '데이터 명칭' 표준화 고려사항
(금융보안원 「데이터 유통 가이드(20.10.)」에서 발췌)

그리고 표준화 대상 데이터 항목을 미리 구조화 해두어야 한다. 데이터 속성, 정의, 유형 등 항목별 분류 기준을 수립하여 데이터 항목을 구조화하고 항목의 개념을 명확히 정의한다. 항목 내에서도 구체화가 필요한 경우 소분류로 구분하여 데이터 항목을 정의함으로써 사용상 혼란을 최소화해야 한다.

사전 준비가 끝나면 이어지는 과정은 데이터의 명칭을 부여하는 작업이다. 우선 공공데이터 공통표준용어 등을 기반으로 데이터셋 항목명을 생성·관리한다. 필요한 경우 업권별로 분야 내에서 공통 활용 가능한 「표준단어 사전」을 제정하여 조합규칙을 마련하고, 데이터별 명칭을 정의할 수 있다.

〈 표준 단어 사전 〉	
한글명	영문명
가입	JOIN
청구	CLM
번호	NO
변경	CHG
일자	YMD
일시	DT

〈 표준화 된 명칭〉	
데이터 항목	
한글명	영문명
가입 번호	JOIN_NO
가입 변경	JOIN_CHG
가입 변경 일자	JOIN_CHG_YMD
청구 번호	CLM_NO
청구 일시	CLM_STRT_DT

〔표 16〕 표준 단어 사전을 이용한 표준 명칭 생성(예시)

명칭을 정함과 동시에 데이터 항목의 유형(Type), 허용 값 범위 등의 규칙, 공통 코드 값 등을 규정한다. 데이터 항목의 유형은 **KS X ISO/ IEC 9075−2**, 공공데이터 공통표준용어 등 국내외 표준문서, 가이드 등을 참고하여 규정을 마련한다.

항목 영문명	항목 한글명	유형	데이터 규칙
CLM_AMT	청구 금액	INT	0~1,000,000,000,000
CLM_YMD	청구 일자	DATE	YYYY−MM−DD
FRST_REG_DT	최초 등록 일시	DATE	YYYY−MM−DD HH:MI:SS
RTRCN_YN	취소여부	BOOL	Y(예), N(아니오)
MBR_NM	회원명	VARCHAR	100자리 이내 문자

〔표 17〕 데이터 유형 및 규칙 정의(예시)

이때 기존에 각 산업 분야에서 활용되고 있던 데이터의 표기 방법, 규칙 등이 다른 경우 이를 통일시키거나 변환(용어 간 매핑)시킬 수 있는 방안을 마련해야 한다. 예를 들어, 금융분야는 일자에 대한 영문 표기를 'DATE'로 정의하고 있으나, 공공분야는 일자에 대한 영문 표기를 'YMD(Year-Month-Day)'로 정의하고 있는 부분에 대한 연동 방안이 필요하다.

따라서 전 산업분야를 아우르는 표준화를 위해서는 이종산업간 상이한 데이터 표준과 정보전달 방식을 통합할 수 있는 체계 또한 필요하다. 분야별 데이터북(Data Book) 및 데이터 전송방법을 활용하여 데이터 변환 어댑터를 구축하고 기관 간 연계하여 이종산업간 데이터 구조를 통합할 수 있다.

4단계 - 제도화

표준화된 데이터가 마이데이터 사업에 활용될 수 있도록 관련 법령 개정 등 제도적 기반 마련이 필요하다. 개인정보보호위원회는 이를 위해 「개인정보 보호법」 및 하위 규정을 제·개정하고 분야별·제공기관별로 상이한 개인정보를 공통된 제공항목으로 변환하기 위한 데이터 표준화 지원 가이드라인을 마련할 계획이다. 그리고 지속적으로 신종 서비스(인공지능, 공유 모빌리티 등)에 대한 표준화 구조 및 방안 등도 마련해 나가야 한다.

법·제도 정비만큼이나 인프라 구축 및 전송 표준 설계 등도 중요하다. 분야별 마이데이터 전송, 특히 개인정보관리 전문기관의 전송지원 시스템 등에 필요한 전송표준과 전 분야에 걸친 마이데이터 실현을 위한 전송지원플랫폼 구축이 추진될 예정이다. 안전하고 신뢰성이 보장되는 데이터 송·수신을 위해서는 API 등의 표준화된 정보 제공방식에 대한 고려도 필요하다. 본인인증 및 정보제공, 서비스 지원 등을 위한 요청인자 및 요청 방법·절차, 응답 구조 등을 설계한다. 그리고 주기적 수신 또는 실시간 업데이트가 필요한 정보의 경우, 정보 제공의 난이도, 소비자 수요 등을 감안하여 전송 주기도 정해야 한다.

그리고 마이데이터 제도 정착 및 활성화를 위한 추가 연구과제도 수행된다. 데이터 표준화 대상 확대를 위해 지속적인 수요조사 및 표준화 기술체계 지원을 위한 연구 용역을 추진하고 기업·기관 등을 대상으로 한 마이데이터 실증 연구에 대한 지원도 이루어질 예정이다.

:: 마이데이터의 마중물, 마이데이터 지원 사업

추진 경과

과학기술정보통신부는 2018년 8월 '데이터 산업 활성화 전략', 2019년 1월 '데이터·AI경제 활성화 계획'에 따라 2019년부터 마이데이터 사업을 본격 시행하였다.

과학기술정보통신부는 데이터 이용제도의 핵심 패러다임인 마이데이터의 조속한 국내 확산을 위해 분야별 법제화·제도화 등에 앞서 마이데이터 이니셔티브로서 실증사업 지원에 우선 착수하였다. 대국민 활용성이 높은 금융·의료 등 주요 분야에서 본인동의 하에 개인데이터의 활용을 통한 개인 맞춤형 서비스 개발을 지원하는 사업이다. 과학기술정보통신부 마이데이터 사업은 국민 체감형 실증서비스 사례를 발굴·지원하여 관련 산업 생태계를 구축하고, 국민 참여형 캠페인·컨설팅·교육 등을 통해 정보주체의 자기정보결정권에 대한 인식제고로 국민의 데이터 주권을 강화하는 것을 목적으로 추진되었다.

대표 사업인 마이데이터 실증서비스 지원사업은 공모를 통해 과제를 선정하고 지원하는 방식으로 진행되었다. 데이터 보유기관·활용기관·중계기관으로 구성된 컨소시엄이 사업 공모에 신청하고 평가를 거쳐 선정되며, 과제별 10억 원 이내의 사업비를 지원받을 수 있다.

2018년 금융·통신 등 2개 분야에 대해 시범사업을 진행한 이후, 2019년부터 의료·유통·에너지 등으로 분야를 확장하여 실증서비스 지원사업을 추진하고 있다. 매년 약 100억 원의 예산이 투입되었고, 지

마이데이터의 시대가 온다

난 3년간 금융·의료·교통·공공 등 10개 분야에서 25개 마이데이터 실증서비스를 발굴하여 지원하고 있다.

마이데이터 실증서비스 지원사업

2019년부터 본격적으로 추진된 실증서비스 지원사업은 1차년도 사업에서 의료·금융·유통·에너지·학술 등 5개 분야의 8개 과제를 발굴·지원하였다. 마이데이터 실증서비스 제공으로 개인이 본인정보를 직접 내려받거나 동의하에 제3자에게 제공하여 다양한 분야의 개인데이터 활용 서비스를 체감토록 하였고 이를 통해, 개인 중심의 데이터 유통체계를 확립할 수 있도록 정책을 추진하였다.[9] 대표 사례로, 응급환자 진료데이터(병명, 검사결과, 처방전 등), 운동기록 등을 개인 스마트폰에 저장하고 응급상황 시, 119와 응급 의료진에게 환자의 응급용 의료기록 정보를 전달하며, 보호자에게 환자의 응급상황을 알려주는 '개인건강지갑' 서비스를 발굴하였다.

2020년 사업은 의료·금융·공공·교통·생활·소상공인 등 6개 분야에서 9개 과제를 선정하였다. 특히, 2020년은 개인이 주도적으로 데이터를 유통·활용할 수 있는 마이데이터 플랫폼 기반의 실증서비스를 추진하여 개인의 자기정보 결정권을 강화하고, 희망하는 기업은 누구나 참여할 수 있는 개방적 마이데이터 생태계 조성을 목표로 추진되

---

9) 과학기술정보통신부 보도자료, "진료이력부터 생활습관까지 마이데이터로 편리하게 건강관리" "에너지 마이데이터로 전기, 가스, 수도 요금 절감", 2019.5.16.

었다.[10] 대표 사례로, 카드 이용정보, 의료데이터, 소규모 사업자 데이터를 마이데이터 플랫폼에 연동·분석하여, 직장인 맛집 추천, 정신건강 관리, 장보기 서비스 등 개인 맞춤형 서비스를 제공하는 '엠박스(M-Box)' 서비스를 발굴하였다.

2021년 사업은 의료·금융·공공·교통·생활소비 등 5개 분야의 8개 과제를 선정하였다. 특히, 2021년 실증서비스 과제는 금융, 의료, 공공 등 각 분야에서 확대 개방되는 개인데이터를 활용하여 국민이 산재된 개인데이터를 한눈에 모아보고 일상생활에서 편익을 직접 체감할 수 있는 마이데이터 서비스를 중점 지원하였다.[11]

의료 분야의 경우, 보건복지부의 「마이 헬스웨이(의료분야 마이데이터) 도입방안」에 따라 순차적으로 개방되는 공공건강·병원의료·개인건강 데이터를 활용하여 국민의 편익을 증진·확대해 나갈 수 있는 서비스를 지원하였다. 특히, '나의건강기록' 앱을 통해 건강보험공단, 심사평가원, 질병관리청 등 공공기관 의료데이터를 활용하여 유전체·임상정보, 라이프로그 기반의 암 위험도 예측서비스를 지원하였다.

공공 분야는 각종 행정·공공기관에 산재되어 있는 개인정보를 모아 데이터세트(묶음정보)로 제공하는 행정안전부의 '공공 마이데이터 서비스'와 연계하여, 이사 및 전·출입 시 필요한 여러 행정서류를 발급받고 제출하는 번거로움을 해소하고, 은행 등과 연계를 통해 비대면 전세대

---

10) 과학기술정보통신부 보도자료. "내 의료정보 활용하여 질병 위험 예측하고, 편리한 건강관리" "내 교통이용 내역 제공하고, 쾌적한 대중교통 이용", 2020.6.11.

11) 과학기술정보통신부 보도자료. "자신의 진료·유전체정보 분석해 암 위험도 예측하고, 여러 행정서류 모아 온라인 이사행정 구현한다.", 2021.6.7.

마이데이터의 시대가 온다

출 서비스를 제공하는 등 시민 편의성을 증진할 것으로 기대된다. 또한 현역 육군장병의 병역정보와 소비정보를 합쳐 개개인 맞춤형 자격확인, 간편결제, 할인 서비스 등을 제공해 디지털 병영 생활을 지원해 나갈 것이다.

마이데이터 비즈니스 확산 지원

마이데이터 실증서비스 지원사업 외에도 마이데이터의 전 분야 확산을 위해서 서비스 발굴, 서비스 기획·구현, 홍보·인식제고 등 마이데이터 비즈니스 확산을 위한 사업을 추진하고 있다.

먼저, 마이데이터의 새로운 활용가능성 모색을 위한 공모전과 교육을 진행하였다. 마이데이터 비즈니스 아이디어 공모전을 개최하여 이종(異種) 분야의 개인데이터를 활용한 비즈니스 서비스 모델 발굴을 추진하고, 전 국민 대상으로 마이데이터 소양강좌와 사업화 준비 단계의 재직자 등을 대상으로 산업 분야별 비즈니스 전문 교육도 제공하였다.

마이데이터 서비스 컨설팅 사업도 진행하였다. 산업형성 초기 단계로 서비스 기획 또는 개발 단계에 있는 기업들의 비즈니스 접근성 향상을 위한 개인데이터 제공·활용 지원을 위한 법·제도, 서비스 구현, 보안 등의 컨설팅도 추진하였다.

마이데이터 사업의 인식제고 및 홍보를 위한 사업도 추진하였다. SNS 등을 통해 마이데이터 실증서비스 사례를 직접 체험·활용하는 '국민실증참여단'을 모집하여 실증서비스 중심의 대국민 캠페인을 추진하였고, 법·제도 개정 등 마이데이터 쟁점과 산업화 촉진 등을 검토하고 논의할 수 있는 전문가 의견 수렴을 위한 협의체도 운영하였다. 또한, '마이데이터 컨퍼런스'를 매년 개최하여 마이데이터 사업 트렌드, 전략, 혁신사례 등 국내외 정보 공유를 위한 장을 마련하기도 하였다.

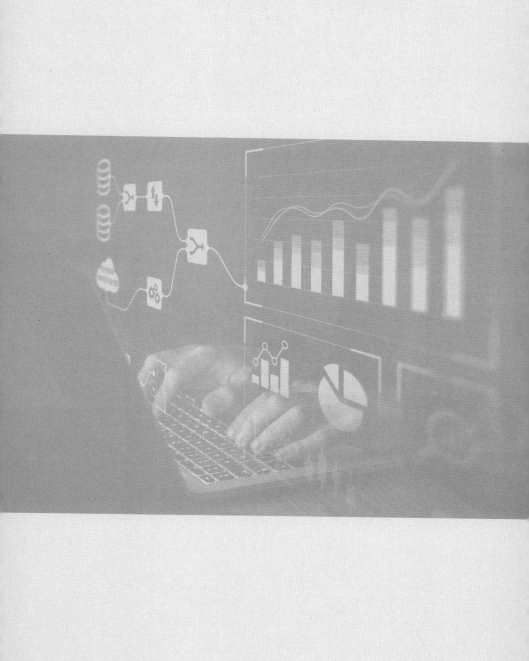

4차 산업혁명 미래 보고서

마이데이터의
시대가 온다

우리의 마이데이터
사업이 나아갈 길

:: 마이데이터 선도, 금융 분야 마이데이터

추진 경과

금융 분야에서는 이미 핀테크 사업자를 중심으로 민간 주도의 마이데이터 서비스가 제공되고 있었다. 하지만 이는 고객의 인증 정보를 직접 보관하는 스크린 스크레이핑 방식을 기반으로 하고 있어 정보주체의 통제권이 보장되지 않았고 안정성·보안성도 부족한 한계가 있었다.

이에 따라 금융위원회는 「유럽일반개인정보보호규정(GDPR)」, 「지급서비스지침2(PSD2)」 등 해외 유사 사례들을 참고하는 한편 정보주체의 개인정보 자기결정권을 극대화하는 방향으로 논의를 거듭한 끝에, 「금융 분야 마이데이터 산업 도입방안(2018)」을 발표하고 API에 기반한 금융 마이데이터 제도화를 추진하였다.

워킹 그룹 운영 및 신용정보법 개정

금융위원회는 금융분야 마이데이터 도입을 위한 「신용정보법」 개정에 미리 대비하고, 데이터 기반의 금융혁신을 보다 구체화하기 위해 유관기관(금융보안원·신용정보원 등), 주요 금융권, 핀테크업계 등의 실무자가 함께하는 「데이터 표준 API」 워킹그룹(WG)을 구성·운영하였다.

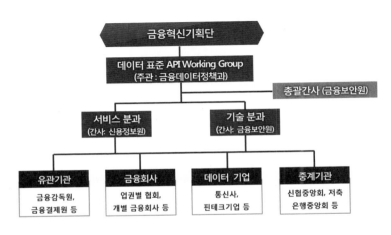

[그림 2] 데이터 표준 API 워킹 그룹 구성도

(금융위원회 보도자료 "「데이터 표준 API」워킹 그룹(Working Group)을 구성·운영하여 금융분야 마이데이터의 조속한 정착을 지원하겠습니다."('19.4.30.)에서 발췌)

워킹그룹은 총 2차에 걸쳐 운영되었다.

1차 워킹그룹('19.5.1~'19.8.30)에서는 정보 전송항목 기준을 선정하고 해외 마이데이터 사례, 과금모델, 손해배상 관련 사항 등의 문헌을 조사·검토하였으며, API 기본규격, 보안 및 인증체계, 인프라 지원방안을 검토·마련하는 등 금융분야 마이데이터 제도의 초석을 마련하였다.

마이데이터의 시대가 온다

2차 워킹그룹('19.10.16~'21.1.31)에서는 업권별로 소분과를 운영하여 구체적인 정보 전송항목을 선별하고 데이터를 표준화 및 구체화하는 작업을 수행하였다.

워킹그룹 운영과 동시에 진행된 「신용정보법」 개정안이 '20년 1월 9일 마침내 국회 본회의를 통과하며 시행이 확정되었다. 이후 전문가 간담회, 하위법령 개정 관련 의견수렴 간담회 등을 거쳐 「신용정보법 시행령」, 「신용정보업 감독규정」 개정이 완료되고 '20년 7월, 본인신용정보관리업(마이데이터) 예비허가 사전신청 접수를 받으며 API 기반 마이데이터의 제도화가 본격 시행되었다.

'21년 1월까지 28개의 금융회사, 핀테크회사, IT회사 등이 첫 본허가를 획득하였다[12]. 이후 가이드라인 발간[13], 마이데이터 지원센터 개소, 마이데이터 테스트베드 구축, 시범 서비스 및 IT리스크 합동 훈련 등을 거친 끝에 22년 1월, API에 기반한 금융분야 마이데이터 서비스가 본격 시행되었다.

본인신용정보관리업

본인신용정보관리회사는 「신용정보법」에서 정의된 금융분야의 마이데이터 사업자이다. 금융위원회는 신용정보 제3자 제공과 함께 신용정보를 조회·열람할 수 있는 '본인신용정보관리업'을 신설하고 이를 허가

---

12) 본인신용정보관리업 예비허가 및 본허가는 현재까지도 지속적으로 이루어지고 있다.
13) 마이데이터 서비스 가이드라인(한국신용정보원), 마이데이터 기술 가이드라인(금융보안원)으로 나누어 출간되었다. ('21.2.22.)

제로 운영함으로써 마이데이터 사업자를 제도화하였다.[14] 「신용정보법」
에 따르면 본인신용정보관리업은 신용정보주체의 권리 행사에 기반하여
본인 정보를 보유한 금융회사 등으로부터 신용정보를 제공받아 본인에게
통합조회 서비스를 제공하게 된다. 부수 업무나 겸영 업무로써 투자 자
문, 데이터 분석 및 컨설팅 업무 등도 수행 가능하므로 종합적인 자산관
리, 재무관리 등의 금융비서 서비스도 제공할 수 있게 된다.[15]

　금융 분야에서는 마이데이터 사업이 정보보호·보안에 대해 관리, 겸
영·지배주주 규제의 필요성이 있다고 판단되어 등록제 대신 허가제가
선택되었다. 따라서 금융 분야의 마이데이터 사업자가 되기 위해서는
「신용정보법」 및 하위 규정에 정의된 요건들을 충족시키고 금융당국의
심사를 받아야 한다.[16] 「신용정보법」 및 하위 규정에 정의된 허가요건
을 요약하면 아래와 같다. 세부 기준은 금융감독원에서 배포하는 〈마
이데이터 허가설명서〉를 통해 확인할 수 있다.

요건	개요
자본금 요건	– 최소 자본금 5억원
물적 요건	– 시스템 구성의 적정성 – 보안체계의 적정성
사업계획 타당성 요건	– 수입 · 지출 전망의 타당성 – 조직구조 및 관리 · 운용체계의 사업계획 추진 적합성 – 조직구조 및 관리 · 운용체계의 이해상충 방지 등 건전 영업 　수행 적합성

---

14) 신용정보법 제2조(정의) 9의2호, 9의3호

15) 신용정보법 제11조(겸영업무), 제11조의2(부수업부)

16) 신용정보법 제4호(신용정보업 등의 허가), 제6호(허가의 요건)

대주주 적격성 요건	– 대주주의 출자능력, 재무건전성 및 사회적 신용
임원자격 요건	– 선임(예정) 임원이 「금융회사의 지배구조에 관한 법률」의 요건 을 충족
전문성 요건	– 본인신용정보관리업무 수행에 충분한 전문성

〔표 18〕 본인신용정보관리업 허가요건 구성

마이데이터 허가는 예비허가, 본허가 2단계로 구분된다. 예비허가는 본허가를 받기 전, 비용이 많이 드는 인적·물적 설비 등을 갖추는 것 등에 대한 리스크를 줄이기 위한 제도이다. 만약 허가 요건이 모두 갖추어진 경우엔 예비허가 없이 바로 본허가를 신청할 수도 있다.[17]

마이데이터 본허가를 득하고 나면 금융보안원의 기능 적합성 심사와 보안취약점 점검결과 확인을 받아야 한다. 기능 적합성 심사는 금융보안원에서 직접 수행하나 취약점은 자체적으로 수행하거나 외부 업체에 위탁해서 수행한 후 그 결과물에 대해서 금융보안원의 확인을 받게 된다.

예비허가, 본허가 및 기능적합성 심사, 보안취약점 점검 심사가 모두 끝나고 나면 신용정보원이 운영하는 마이데이터 종합포털에 참여기관으로서 등록하고 마이데이터 서비스 자격증명을 받아야 한다. 이후, 마이데이터 사업자는 신용정보원이 운영하는 실환경 CBT테스트에 참여하여 충분한 검증기간을 거친 후 본인신용정보관리회사로서 마이데이터 서비스를 운영할 수 있게 된다.

---

17) 허가절차를 신중하게 운영하기 위해 원칙적으로 예비허가를 거치도록 운영하고 있다. 다만 예외적으로 예비허가 신청 시 허가 요건을 갖추었다고 판단되는 경우에는 예비허가 절차를 생략할 수도 있다.

전송 대상 정보

　「신용정보법」은 정보주체에게 금융기관 등에게 본인의 개인신용정보 이동을 요구할 수 있는 권리를 제도적으로 보장한다. 여기서 정보주체가 능동적으로 정보이동을 '요구'한다는 측면에서 기업의 정보 활용 요청에 대한 수동적인 '동의'와는 분명히 구분된다.

　의무 정보제공 범위로는 통합조회·재무분석 등 원활한 마이데이터 서비스 제공을 위해 필요한 수준의 정보를 충분히 제공하되, 민감정보나 개인정보를 기초로 금융기관 등이 추가적으로 생성·가공한 2차 정보 등은 제외된다. 제공 대상 정보는 마이데이터 지원센터를 중심으로 업권별 협회와 정보제공자, 정보수신자가 참여하는 TF를 조직하여 표준규격을 마련한다. 정보항목은 '19년부터 정보제공자·정보수신자 간 충분한 논의 및 사회적 합의를 거쳐 결정하였으며, 이후에도 의견을 지속적으로 청취하고 있다. 이를 통해 합의된 정보항목은 「신용정보법 시행령」[18] 및 「마이데이터 서비스 가이드라인」 등을 통하여 공개하고 있다.

　현재까지 제공 대상 정보로 결정된 정보는 총 350종 이상으로, 아래와 같이 금융업권별로 구분하여 구체적인 항목들을 도출하고 있다. 이 정보 항목들은 금융 산업이 끊임없이 변화하고 이종산업과 연계되며, 법제도가 개선되어 감에 따라 지속적으로 확대될 전망이다.

18] 신용정보법 시행령 [별표 1] 본인신용정보관리업에 관한 신용정보의 범위(제2조제22항 및 같은 조 제23항제1호 관련)

업 권	업권별 주요 제공정보
은 행	예 · 적금 계좌잔액 및 거래내역, 대출잔액 · 금리 및 상환정보 등
보 험	주계약 · 특약사항, 보험료납입내역, 약관대출 잔액 · 금리 등
금 투	주식 매입금액 · 보유수량 · 평가금액, 펀드 투자원금 · 잔액 등
여 전	카드결제내역, 청구금액, 포인트 현황, 현금서비스 및 카드론 내역
전자금융	선불충전금 잔액 · 결제내역, 주문내역(13개 범주화) 등
통 신	통신료 납부 · 청구내역, 소액결제 이용내역 등
공 공	국세 · 관세 · 지방세 납세증명, 국민 · 공무원 연금보험료 납부내역 등

〔표 19〕 금융 분야 마이데이터 주요 정보 제공 대상 항목

(금융위원회 보도자료 "API 방식을 통한 본인신용정보관리업(금융 마이데이터) 전면시행('22.1.1일)에 앞서 '21.12.1일 16시부터 시범서비스를 실시합니다."('21.11.29)에서 발췌)

전송 체계

금융 분야 마이데이터에서는 정보제공자(금융회사 등)와 마이데이터 사업자 간 협의를 통해 사전에 표준화된 전산상 정보 제공방식(표준 API)을 이용하여 정보 전송이 이루어진다.[19] 표준 API 정의서는 금융회사, 마이데이터사업자 및 신용정보원·금융보안원 등으로 협의체를 통해 개발하게 되는데 이렇게 개발된 표준 API 정의서는 신용정보원의 마이데이터 종합포털 및 금융보안원의 마이데이터 테스트베드 홈페이지를 통해 공개된다.

원칙적으로 은행·카드사 등 개별 금융회사들은 API 시스템 구축 의무가 부가된다. 하지만 자체적으로 API 시스템을 구축·운영하기 어려

---

19) 신용정보법 제22조의9 제4항

운 중소 핀테크사업자 및 중소 금융회사들은 규모·거래빈도 등을 감안하여 '중계기관'을 활용할 수도 있도록 하였다.[20]

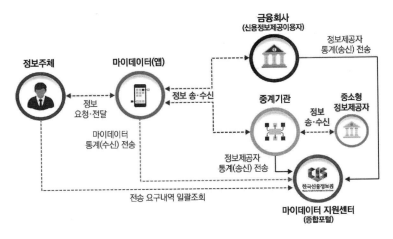

〔그림 3〕 금융 분야 마이데이터 전송체계

(신용정보원 '마이데이터 서비스 가이드라인' 발췌)

중계기관을 이용하지 않는 정보제공자들은 마이데이터 사업자의 요청에 따라 정보를 제공하는 API 시스템을 자체 구축해야 한다. 중계기관과 API 시스템을 자체 구축한 정보제공자는 마이데이터 서비스·기술 가이드라인과 표준 API 규격에 맞게 API 시스템을 개발하여야 하고 인증 및 본인확인, 토큰 발급 및 관리, 전송내역 관리, 부하제어, 보안관리 등의 기능들을 안정적으로 제공되어야 한다.

중계기관을 이용할 경우 표준 API 요청에 따른 응답, 보안 및 안정성·가용성을 위한 상당 부분의 기능을 중계기관에서 제공하게 되므로

---

20) 신용정보법 제22조의9 제5항

마이데이터의 시대가 온다

시스템 구축 여력이 부족한 중소 정보제공자들이 훨씬 더 수월하게 정보를 제공할 수 있게 된다. 중계기관은 기존부터 정보제공자들과 전용선을 연결·운용하고 있던, 공공성을 가진 기관들을 중심으로 각각 아래와 같은 업권을 중심으로 운영된다.

중계기관	대상 업권
신용정보원	보험업권, 리스 · 할부금융업권, 공공(행안부)
금융결제원	은행업권, 상호금융(중앙회), P2P업권 등
코스콤	금융투자업권, 전자금융업권, 대부업권
한국정보통신진흥협회	전기통신업권

〔표 20〕 중계기관별 대상 업권

인증체계

마이데이터를 더 편리하고 안전하게 이용할 수 있도록 마이데이터 통합인증 절차도 마련되었다. '마이데이터 통합인증'은 전자적으로 고객의 의사를 명확히 확인하고 변조되지 않음을 보장하는 동시에 각 정보제공자별로 인증해야 하는 번거로움을 해소할 수 있는 인증 방식이다. 마이데이터 사업자들은 통합인증 규격에 맞게 개발된 인증 수단들을 자유롭게 선택하여 서비스에 탑재할 수 있고, 고객들은 이 인증 수단을 이용할 경우 한 번의 본인인증행위만으로 다수의 정보제공자에게 정보전송요구를 할 수 있게 된다. 이는, 금융 분야 마이데이터에 참여하는 모든 정보제공자들은 이 통합인증 규격을 따르도록 표준화가 이루어졌기 때문이다. 통합인증 규격 제정 초기엔 해당 규격을 만족할 수 있는 인증 수단이 '공동인증서'밖에 없었으나 현재는 관계부처 간 협의, 많은 사업자의 적극적 참여 등을 통해 「전자서명법」상 전자서명 인증사업자로 인정된 다양한 사설인증서도 통합인증수단으로 이용할 수 있게 되었다.

정보보호 및 보안

마이데이터 구현 과정에서 기관 간에 개인신용정보가 이전되는 만큼 무엇보다 강력한 보안관리가 요구된다. 마이데이터 제도를 가장 먼저 추진한 금융위원회는 금융분야 마이데이터를 고안하는 과정에서 정보 보호 및 보안책임 강화를 중점 과제로 선정하고 다양한 안전장치가 갖추어지도록 설계하였다.

첫 번째로 마이데이터 허가 시 망분리, 침입차단 시스템, 백업·복구 시스템 등 엄격한 개인정보보호·보안기준을 충족하도록 요건을 부과하였으며, 허가 이후에도 신용정보법령에 따라 철저한 기술적·물리적·관리적 보안대책을 마련하여 시행하도록 하였다.

두 번째로 앞서 언급했듯이 마이데이터 사업자가 서비스 출시 전, 주기적으로 서비스 및 전산설비에 대한 기능적합성 심사와 보안취약점 점검을 의무적으로 받도록 받아야 하며, 다음으로 마이데이터 종합포털에 참여기관으로서 등록하고 마이데이터 서비스앱에 대한 자격증명을 발급을 받아야 한다.

셋 째로 정보주체가 정보제공에 따른 편익 및 위험성 등을 충분히 인지할 수 있는 '알고하는 동의' 체계를 마련하였다. 고객이 정보 이동

마이데이터의 시대가 온다

지시를 내리는 '데이터 주권'을 제대로 실현하기 위해서는 누구에게 어떤 정보가 얼마나 전달되어 언제까지 보관되는지 등을 명확히 인지할 수 있어야 하며, 해당 항목에 대하여 선택권이 보장되어야 한다. 아울러, 한 번의 선택으로 많은 정보의 전송이 지시될 수 있으므로, 민감한 정보는 한 번 더 생각해보고 전송을 지시할 수 있는 보완장치도 마련할 필요가 있다. 이를 위해 법률자문, 전문가 의견수렴 등을 거쳐 모바일 환경에 맞게 시각화·간소화된 표현으로 필수 고지사항들을 효과적으로 전달하는 모델을 설계하였고, 마이데이터 서비스 가이드라인을 통해 모든 마이데이터 사업자가 필수적으로 구현하도록 하였다.

넷째로 정보수집 과정에서의 안정성·보안성을 강화하였다. 기존에 활용되었던 스크린 스크레이핑 방식의 취약성을 보완할 수 있도록 정보수집 과정을 전반적으로 정비한 것이다. 위에서 설명한 표준 API를 통한 정보전송 체계가 바로 안정성·보안성 강화의 결과물이다. 스크린 스크레이핑에 비해 표준 API 방식은 인증 정보 노출 차단, 정보 주체의 통제·관리 강화, 가용성 및 이용성 강화 등 다양한 장점이 있다. 표준 API를 통한 방식이 본격적으로 시행됨에 따라 마이데이터 사업자가 스크린 스크레이핑을 통해 정보를 수집하는 방식은 22년 1월 5일부로 전면 금지되었다.[21][22]

---

21) 신용정보법 제22조의9(본인신용정보관리회사의 행위규칙) 제3항 및 동법 시행령 제18조의6(본인신용정보관리회사의 행위규칙 등) 제3항에 따르면 고객의 접근수단을 직접 확보·지배하는 방법으로 정보수집을 할 수 없다.

22) 다만, 소비자 편의를 위해 아직 API가 구축되지 않은 일부 퇴직연금, 계약자-보험자가 상이한 보험정보 등에 대해서는 광범위한 정보수집이 불가능하여 스크레이핑으로 인한 정보보호 침해위험이 낮은 공공포털(금감원 통합연금포털, 신정원 내보험다보여)에 한하여 API 구축 시까지 한시적으로 스크레이핑을 허용하였다.

마지막으로, 마이데이터 사업자의 개인신용정보 활용·관리실태에 대한 상시적 평가체계를 구축하였다. 동 정보활용·관리 상시평가제도에 따라 신용정보 보호에 대한 9개 대항목, 143개 세부 항목을 매년 자체 평가하여 금융보안원으로 제출하면 자율규제기구인 금융보안원이 제출결과를 서면점검하고 점검결과를 금융감독원 검사 시 활용할 수 있도록 하는 중첩적 평가체계가 구축되었다.

또한, 서비스 운영과정에서 발생하는 대국민·대기관의 각종 오류 및 개선사항을 마이데이터지원센터에 접수하여 즉시 처리할 수 있도록 산업 관리체계도 구축하였다.

참고 **'스크린 스크레이핑' 방식과 '표준 API' 방식의 비교**

▫ (고객 인증) API 방식은 인증 주체가 핀테크업체에서 정보주체인 이용자로 변경되어 고객정보접근권을 정보주체가 확보하고 스스로 통제가 용이

스크레이핑 방식	API 방식
• 이용자가 인증정보를 핀테크 업체 서비스에 입력, 인증정보를 저장하고 필요한 서비스에 접속 시 활용	• 필요한 서비스에 이용자가 직접 로그인하고 필요한 접근권한을 부여 후 허용 (핀테크 서비스에 인증정보 입력 불필요)

▫ (정보 처리) API를 사용함에 따라 정보주체가 원하지 않는 정보 수집 자체를 차단할 수 있어 정보에 접근 통제가 용이

스크레이핑 방식	API 방식
• 인터넷 스크린에 보여지는 데이터 중에서 필요한 데이터를 추출	• 필요한 서비스에서 제공한 API를 이용하여 접근이 허용된 필요정보를 수신

마이데이터의 시대가 온다

▫ (표준화) 신생 핀테크업체에서 표준화된 API를 사용하여 정보를 수집 · 활용 등이 가능해져 시장 진입이 용이해져 경쟁 촉진 및 혁신 성장 지원 가능

스크레이핑 방식	API 방식
• 각 서비스의 임의 출력내용을 각각 추출하는 방식으로 표준화 불가	• API 및 데이터 포맷에 대한 표준화 가능

▫ (정보보호 · 보안) 고객의 중요정보를 서버 또는 모바일 앱 내 저장 관리하지 않고 안전한 통신 프로토콜을 적용한 API를 사용하여 정보를 전송함으로써 정보 유출 등 보안 위험을 감소

스크레이핑 방식	API 방식
• 중요정보(ID/PW) 직접 저장 관리 추출하는 방식으로 표준화 불가	• 중요정보 대신 허용권한증표(token) 관리 가능
• 해킹 시 중요정보(인증정보 등) 유출 가능	• 해킹 시 토큰 폐기 처리 • 사용에 대한 접근통제 등 보안대책 수립 가능 접근 통제 등 보안대책 수립 가능
• 필요 이상의 정보 접근 가능 • 이용자 중요정보 남용 또는 악의적 행위 활용 가능	• 이용자가 부여한 권한 내에서 정보 수집이 가능하고 정보 접근 통제 용이 가능
• 서비스 탈퇴 시 입력한 인증정보 변경 또는 재발급 필요(거로움 발생 및 미변경 시 2차 유출 피해 발생 우려) 가능	• 서비스 탈퇴 시 토큰을 무효화 처리 또는 토큰의 사용기한 만료 시 자동으로 인증불가 처리 가능또는 토큰의 사용기한 만료 시 자동으로 인증불가 처리 가능
• 금융회사 등과 협의하여 별도의 보안대책이나 보안 기술 적용 곤란 가능	• 금융회사와 협의하여 필요한 보안대책 및 보안기술 적용이 가능책 및 보안기술 적용이 가능

향후 계획

　금융위원회는 정보주체의 정보주권 실현, 금융포용성 강화 및 금융 혁신 등을 위해 더 편리하고 더욱 안전하게 마이데이터가 시행될 수 있 도록 많은 노력을 기울이고 있다. 앞으로도 제도 시행 과정에서 발견된 여러 사안들과 민간 전문가들로부터 제시된 의견들을 충분히 받아들 여 제도의 안정적인 확산을 추진해나갈 계획이다.

　먼저 금융위원회는 마이데이터지원센터를 중심으로 한 마이데이터 특별대응반을 구성하여 마이데이터 서비스 과정에서 발생되는 특이사 항을 실시간으로 모니터링하고 각종 통계 자료를 작성·취합하여 안정 적인 서비스가 제공될 수 있도록 하는 한편, 소비자 정보보호와 보안 에 한치의 차질이 발생하지 않도록 운영할 예정이다.

　아울러, 소비자 편의제고 등을 위해 일부 미반영된 금융권 정보 및 빅테크 정보 등도 마이데이터지원센터를 중심으로 관련 업권 협의 및 T/F 개최, 필요시 자문기구의 자문 등을 거쳐 지속적으로 확장될 수 있도록 개방을 추진해나갈 예정이다. 논의 내용을 바탕으로 제공범위 가 확대되면 마이데이터 서비스 가이드라인 수시 개정을 통해 이를 배 포할 계획이다.

　또한, 정보제공자와 마이데이터 사업자의 부담 등을 종합적으로 고 려하여 불필요한 트래픽이 유발되지 않도록 합리적인 과금체계를 마이 데이터지원센터를 중심으로 용역 발주 및 관련 업권 협의 등을 통하여

　　　　　　　　　　　　　　　　　　마이데이터의 시대가 온다

검토해나갈 계획이다.

　그 외에도 소비자 보호를 전제로 마이데이터 산업의 지속가능한 발전을 위해 다양한 제도개선 노력을 지속할 예정이다.

:: 정부 4.0시대의 공공 분야 마이데이터[23]

추진경과

공공분야에서는 행정정보 보유기관 동의에 기반한 '행정정보공동이용제도'를 통해 자기정보를 민원처리 등에 활용해 왔으며, 2019년 관계부처 합동으로 발표한 「디지털 정부혁신 추진계획」에 공공부문 마이데이터 활성화를 위해 자기정보 활용을 위한 제도 개선, 공공부문 자기정보 다운로드 서비스를 위한 '마이데이터 포털 구축' 등의 내용을 포함하였다.

행정기관 간 민원처리에 민원인 본인정보를 활용하기 위한 근거를 마련하기 위해서 「민원처리법」이 2020년 10월 개정, 2021년 10월 21일 시행되었다. 또한 행정기관 등이 보유한 개인정보를 민간을 포함하는 제3자 전송을 위해 「전자정부법」이 2021년 6월 개정, 2021년 12월 9일 시행되었다.

한편 공공 마이데이터의 법적근거 마련 이전에도 본인정보를 이용하여 서비스를 제공하는 이용기관과의 업무협약을 통해서 공공기관 및 은행 등에서 증명서를 따로 출력, 제출하지 않아도 본인정보가 이용기관에 전송되어 편리하게 서비스를 제공받을 수 있게 되었다.

---

23) 행정안전부(2021.11.25.). "공공 마이데이터 활성화 추진 계획". 4차산업혁명위원회 '대한민국 마이데이터 정책 컨퍼런스' 발표자료. 참고

마이데이터의 시대가 온다

〔그림 4〕공공 마이데이터 추진 관련 주요 경과

민원처리법과 전자정부법

공공 마이데이터 추진을 위한 행정정보 전송에 관한 법적 근거는 「민원 처리에 관한 법률」(이하 「민원처리법」)과 「전자정부법」이다.

2020년 10월에 개정된 「민원처리법」(2021년 10월 21일 시행)에서는 민원인이 행정기관에서 민원사무를 하는 경우 해당 행정기관에서 다른 행정기관이 보유 중인 개인정보에 대해서 민원인에게 직접 서류를 구비하도록 하고 있는 불편함을 해소하고자 민원인 본인 신청이 있는 경우 민원의 접수·처리기관이 행정정보 보유기관으로부터 직접 행정정보를 제공받아 민원 처리할 수 있도록 하는 근거를 마련하였다.[24] 이를 통해 국민들은 자기정보의 활용 결정권이 보장되는 동시에 증명서류 또는 구비서류 제출·보관에 따른 국민 불편과 사회적·경제적 비용을 감소시킬 수 있을 것으로 기대된다.

「민원처리법」이 민원인의 개인정보를 행정기관 간 전송을 가능하게 하였다면, 행정기관 등이 보유한 개인정보를 민간을 포함하는 제3자에게 전송할 수 있는 근거 마련을 위해 「전자정부법」 개정·시행하였다. (개정 2021.6.8., 시행 2021.12.9.) 「전자정부법」에서는 정보주체가 행정기관

---

24) 전자정부법 법 제10조의2

등이 보유·관리하고 있는 본인에 관한 행정정보를 본인 또는 본인이 지정하는 제3자에게 제공할 것을 요구할 수 있도록 '정보주체 본인에 관한 행정정보의 제공요구권'을 도입하였다.[25] 한편 제도의 실효성을 높이기 위해서 제공 가능한 행정정보의 종류는 행정안전부장관과 보유기관의 장이 협의하여 정하도록 규정하는 등 관계부처의 협의를 통해 다양한 공공부문의 데이터가 제공될 수 있는 법적 기반을 마련하였다.

또한 행정안전부장관은 중앙행정기관 등의 장에게 그 기관이 보유하고 있는 본인정보 종류를 제출하도록 요구할 수 있고 제출받은 본인정보의 종류를 종합하여 고시하고 전자정부 포털에 게재하여 공개해야 한다.[26]

정보수신자

「전자정부법」과 「민원처리법」은 「신용정보법」과 달리 정보를 수신 받는 기관을 '본인신용정보관리업'처럼 별도로 구분하여 라이선스를 부여하는 방식(허가)을 취하지 않고, 행정정보의 전송요구권과 수신받을 수 있는 기관만 명시하고 있다. 「전자정부법」 제43조의2에서는 행정정보를 제공받을 수 있는 자를 행정기관·공공기관, 은행을 직접 규정하고 있으며 「전자정부법 시행령」에서 「신용정보법」에 따른 신용정보회사, 신용정보집중기관, 본인신용정보관리회사 등을 추가적으로 행정정보 수신자로 포함시켰다.

---

25) 전자정부법 제43조의2
26) 전자정부법 시행령 제51조의2 제6항, 제8항

마이데이터의 시대가 온다

그 밖에도 동법 시행령에서는 행정안전부 장관이 부령으로 정하는 자도 수신자가 될 수 있도록 하여 향후에도 수신 기관은 지속적으로 추가될 수 있는 여지를 두고 있다.[27] 한편 금융분야에서 마이데이터 사업자 승인을 받은 사업자 등을 행정정보 수신 대상으로 포함하는 등 향후에도 진입규제를 최소화하는 동시에 엄격한 사후관리 체계로 개인정보의 안전한 활용을 지원할 예정이다.

전송 대상 정보

「전자정부법」개정을 통해 공공 마이데이터 서비스가 제공되지만 행정기관이 보유한 모든 정보가 제공요구권 대상은 아니다. 제공요구권 대상이 되는 본인정보는 기본적으로 정보처리능력을 지닌 장치에 의하여 판독이 가능한 형태로 보유하고 있는 본인에 관한 증명서류 또는 구비서류 등의 행정정보(법원의 재판사무·조정사무 및 그 밖에 이와 관련된 사무에 관한 정보는 제외)이다.[28]

한편 행정안전부장관은 제공요구권 대상이 되는 본인정보 종류를 고시하도록 하고 있는데 구체적인 제공대상 본인정보는 〔표 21〕과 같다.[29]

---

27) 전자정부법 시행령 제51조의2
28) 전자정부법 제43조의2 제1항
29) 전자정부법 제43조의2 제5항, 시행령 제51조의2 제8항

정보보유기관	정보주체의 요구에 의한 제공 대상 본인정보
외교부(3)	재외국민등록부등본, 해외이주신고확인서, 여권
법무부(3)	국내거소신고사실증명, 외국인등록사실증명, 출입국에관한 사실증명(국민에한함)
국방부(3)	군인연금(퇴직연금) 수급권자 확인서, 군인연금(상이) 수급권자 확인서, 군인연금(유족) 수급권자 확인서
행정안전부(6)	국외이주신고증명서, 주민등록표 등 · 초본, 지방세납부확인서(등록면허세면허분), 지방세납세증명서, 지방세세목별과세(납세)증명서(자동차세), 지방세세목별과세(납세)증명서(재산세)
농림축산식품부(3)	농업경영체증명서, 농업경영체등록확인서, 임업경영체등록확인서
보건복지부(5)	국민기초생활수급자증명서, 자활근로자확인서, 장애인연금(경증)장애수당장애아동수당수급자확인서, 장애인증명서, 차상위계층확인서
여성가족부(1)	한부모가족증명서
국토교통부(16)	개별공시지가확인서, 개별주택가격확인서, 공동주택가격확인서, 다가구주택호별면적대장, 일반건축물대장, 집합건축물대장(전유부), 집합건축물대장(표제부), 부동산종합증명서(토지), 부동산종합증명서(토지,건축물), 부동산종합증명서(토지,집합건물), 이륜자동차사용신고필증, 자동차등록증, 자동차등록원부, 자동차말소등록사실증명서, 지적전산자료, 토지(임야)대장
해양수산부(3)	선박원부, 어업면허증, 어업경영체등록확인서
중소벤처기업부(1)	중소기업확인서
국가보훈처(3)	국가유공자(유족)/5 · 18민주유공자(유족)확인서, 제대군인 인재정보, 보훈대상자취업정보

마이데이터의 시대가 온다

국세청(10)	(국세)납세증명서, 납세사실증명, 사업자등록증명, 소득금액증명, 폐업사실증명, 휴업사실증명, 부가가치세과세표준증명, 표준재무제표증명(개인), 부가가치세면세사업자수입금액증명, 근로(자녀)장려금수급사실증명
관세청(1)	관세납세증명서
병무청(2)	병적증명서, 병역명문가증
특허청(4)	디자인등록원부, 상표등록원부, 실용신안등록원부, 특허등록원부
국가평생교육진흥원(1)	학점은행제학위증명
공무원연금공단(1)	공무원연금내역서
국민건강보험공단(8)	4대사회보험료완납증명서, 건강보험자격득실확인서, 건강보험자격확인서, 건강·장기요양보험료납부확인서(지역가입자), 건강·장기요양보험료납부확인서(직장가입자), 사업장건강·장기요양보험료납부확인서, 차상위본인부담경감대상자증명서, 건강·연금보험료완납(납부)증명서
국민연금공단(3)	국민연금가입자가입증명, 사업장국민연금보험료월별납부증명, 연금산정용가입내역확인서
국민체육진흥공단(1)	개인체력측정결과및인증등급
근로복지공단(6)	고용보험료완납증명원, 산재보험급여지급확인원, 산재보험료완납증명원, 고용보험피보험자격이력내역서(상용), 고용보험일용근로내역서, 고용·산업재해보상보험가입증명원
대한상공회의소(1)	국가기술자격확인서
한국부동산원(1)	부동산전자계약서
한국산업인력공단(1)	국가기술자격확인서
질병관리청(1)	국가예방접종이력정보(코로나19 정보 제외)*
건강보험심사평가원(1)	투약이력조회정보*

국민건강보험공단(6)	건강검진결과통보서*, 건강검진결과통보서(신장질환항목)*, 검진정보*, 진료내용조회정보*, 영유아건강검진정보*, 암건강검진정보*

〔표 21〕 정보주체의 요구에 의한 제공대상 본인정보(행정안전부고시 제2021-82호 (2021.12.9. 시행), 본인에 관한 행정정보의 제공 등에 관한 고시 [별표1]) (* 정보주체가 의료 또는 건강관리 목적의 "보건복지부 나의건강기록""소방청 119 안심콜(투약이력조회정보에 한함)" 서비스를 받기 위한 경우에만 2022년 6월 30 일까지 한시적으로 제공 가능한 본인정보)

추진실적

행정안전부는 실질적인 공공 마이데이터 서비스를 제공하기 위해서 '공공 마이데이터 유통시스템'을 구축하여 (1)본인정보 제공과 (2)묶음정보 제공의 두 가지 방식으로 행정정보를 제3자에게 전송하는 서비스를 제공하고 있다.

묶음정보는 은행 신용대출, 신용카드 신청, 소상공인 자금신청 등과 같이 국민들이 자주 이용하는 서비스 중 서비스 제공기관이 필요로 하는 증명서, 서류 중 필요한 항목만 하나의 세트 형태로 제공하는 방식으로, 2022년 초 현재 5개 분야에서 24종의 묶음정보가 제공되고 있다. 묶음정보는 본인정보에서 필요한 항목(예: 이름, 주소 등)만 최소한으로 발췌해 하나의 세트 형태로 제공하여 본인정보의 남용 예방 및 공공 마이데이터 서비스의 이용 편의성을 높였다. 예를 들어 은행에서 신용대출을 할 경우 주민등록등초본, 건강보험자격득실확인서, 국세납세증명서 등과 같은 행정서류 중 필요한 정보 항목만으로 묶음정보가 만들어져 본인 요구에 의해서 은행에 전송되기 때문에 보다 안전하게 본

마이데이터의 시대가 온다

인정보가 유통될 뿐만 아니라, 개인들은 관련 증명서 등을 발급받기 위해서 관련기관을 방문하거나 별도 발급을 받지 않아도 된다.

이러한 묶음정보는 시범서비스를 통해 11종 서비스가 8개월 (2021.2~2021.10) 동안 1,637만 건의 공공 마이데이터로 활용되었으며 이는 총 1,962만 건의 구비서류 발급 및 제출을 공공 마이데이터 서비스가 대체한 효과이다. 구체적으로는 신용카드 발급 등 카드사에서 1천만 건 이상, 대출신청 등 은행에서 4.5백만 건 이상, 소상공인 자금지원 등을 위해서 87만 건 이상이 활용되었다.

〔그림 5〕 묶음정보 시범서비스 체계

여기에 한 걸음 더 나아가 '21.12월부터는 본인 행정정보의 제3자 전송요구권이 「전자정부법」에 반영되어 시행됨으로써, 본인이 원하는 행정정보를 제3자에게 직접 전송할 수 있는 서비스를 제공하고 있다. 이를 위해 2022년 초 기준 26개 정보보유기관의 95종 행정정보를 연계하였으며, 각 기관들이 보유하고 있는 증명서, 행정정보 중 많이 이용되고 있는 정보들을 중심으로 행정정보 연계를 확대할 계획이다.

본인 행정정보의 전송요구권을 행사할 수 있도록 행정안전부에서는 정보주체가 본인 행정정보의 열람, 다운로드, 이력조회·발급 등을 할 수 있는 '공공 마이데이터 포털 서비스'를 구축하였다. 국민들은 공공 마이데이터 포털을 통해서 전송하고자 하는 행정정보를 선택하여 이용 기관에 보낼 수 있고, 자주 이용하는 마이데이터를 정기전송하거나 이용한 내역을 확인할 수 있으며, 포털과 연계되는 보유기관 및 이용기관을 지속적으로 확대할 예정이다. 현재 공공 마이데이터 서비스는 모두 API 형태로 제공되고 있고 「전자정부법」상 제3자인 은행, 「신용정보법」상 마이데이터 사업자 등은 공공 마이데이터 포털 이용기관이 될 수 있다. 아울러, 행정안전부 장관이 「전자정부법 시행령」으로 추가로 지정하는 제3자도 서비스 적정성, 설비구축 현황, 보안 현황, 관리 현황 등을 고려하여 행정안전부장관이 심의위원회 의결을 거쳐 이용할 수 있도록 하고 있다.[30]

〔그림 6〕 공공 마이데이터 포털 체계

행정안전부의 공공 마이데이터 포털을 통해서 본인의 행정정보를 제3자에게 전송요구할 수 있는 서비스는 2021년12월부터 본격적으로 시

---

30) 본인에 관한 행정정보의 제공 등에 관한 고시 제15조 [별표2]

마이데이터의 시대가 온다

행되었으며, 지속적으로 민관 협력서비스를 발굴하여 공공 마이데이터 서비스를 확대할 예정이다.

공공 마이데이터가 본격 도입되면 국민들의 행정정보를 활용한 서비스 제공의 편의성이 보다 제고될 것이다. 구체적인 예로 과거에는 은행 거래 등을 위해서 필요한 행정정보는 해당 보유기관을 방문하여 서류로 발급받아 은행 등에 제출하였다. 그 다음 단계로는 행정정보의 공동이용을 통해 본인이 은행 등에 본인 행정정보를 보유기관으로부터 제공하는 것에 동의하면 은행이 보유기관에 정보를 요청해서 제공받는 방식이 활용되어 왔다. 그러나 공공 마이데이터를 통해서는 민원인이 본인 행정정보의 보유기관에 직접 은행에 정보를 제공하도록 요구함으로써 은행이 필요한 고객의 행정정보를 받을 수 있게 되는 것이다.

〔그림 7〕 행정정보 이용 단계

이렇듯 공공 마이데이터를 통해 국민은 본인정보를 주도적으로 활용함으로써 디지털 환경에서의 자기정보 결정권을 강화할 수 있고, 국민의 편익이 크게 향상될 수 있다. 이용기관은 다양하게 본인정보의 결합·활용이 가능해짐으로써 국민의 수요에 부합하는 개인 맞춤형 상품 추천, 건강관리 등 새로운 서비스 창출이 가능해진다. 행정·공공기관의 입장에서는 공공 마이데이터 서비스를 통해 문서의 진위 확인이나 서류 검토 입력 등의 절차가 간소화되어 능률적인 행정 업무처리가 가능해진다.[31]

향후계획

행정안전부는 관계부처 등과 지속적인 협의를 통해 공공 마이데이터 서비스 확산을 추진할 것이다. 아울러 공공정보에 대한 국민의 데이터 주권을 보장하여 국민편익을 높이기 위한 서비스로 자리매김할 수 있도록 할 계획이다.

---

31) 행정안전부(2021), "공공 마이데이터 서비스 개념 가이드".

:: 의료 분야의 마이데이터 생태계 구축[32]

추진 경과

4차위와 관계부처는 2019년 12월, 개인 주도의 의료데이터 활용 생태계를 육성하고 환자 중심 의료서비스 혁신을 위해, 마이 헬스웨이 플랫폼(My Healthway) 구축을 기반으로 하는 '개인 주도형 의료데이터 이용 활성화 전략'을 발표하였다. 이후 4차위에서 관계부처와 합동으로 디지털헬스케어 특별위원회를 운영하여 개인주도형 의료데이터 활성화 방안을 논의하고, 2020년 3월 「의료법」 개정(§21 제5항[33] 신설)을 통해 의료기관이 환자에게 전자적으로 의료정보를 제공할 수 있는 법적 근거를 마련하였다. 또한, 개인주도형 의료 데이터 이용 활성화 전략의 후속조치로 2021년 2월 '국민 건강증진 및 의료서비스 혁신을 위한 「마이 헬스웨이(의료분야 마이데이터)」 도입 방안'을 발표하였으며, 나의 흩어진 건강정보를 한눈에 볼 수 있도록 의료기록 조회 및 저장이 가능한 '나의건강기록' 앱 출시를 발표하였다.

2021년 5월에는 관계부처, 이해관계자 등 민·관이 함께 의료분야 마이데이터 도입과 관련된 주요 쟁점을 논의하고, 중·장기적인 발전 방향 검토를 위해 '마이 헬스웨이 추진위원회'을 발족하였다. 추진위원회는 보건복지부 2차관을 위원장으로, 관계부처, 의료계, 산업계, 학계,

---

32) "국민 건강증진 및 의료서비스 혁신을 위한 「마이 헬스웨이(의료분야 마이데이터)」도입 방안"(4차산업혁명위원회, 2021년 2월)

33) 제21조(기록 열람 등) ⑤ 제1항, 제3항 또는 제4항의 경우 의료인, 의료기관의 장 및 의료기관 종사자는 「전자서명법」에 따른 전자서명이 기재된 전자문서를 제공하는 방법으로 환자 또는 환자가 아닌 다른 사람에게 기록의 내용을 확인하게 할 수 있다.

유관기관·단체 등 각계 전문가 20명으로 구성되었다. 또한, 위원회 내에 관계부처 실무자, 공공기관, 의료계·산업계 등 전문가가 참여하는 실무추진단을 구성하여 쟁점을 발굴하고 세부적인 검토를 진행하며, 실무추진단의 간사 역할을 수행하고 실무추진단 운영을 지원하기 위해 보건복지부 내 마이의료데이터추진TF팀을 마련하였다. 또한, 한국보건산업진흥원, 한국보건의료정보원 등 지원조직을 운영하여 마이 헬스웨이 플랫폼을 구축하고, 향후 플랫폼 운영 및 사전심사 등 의료분야 마이데이터 제도 운영 사항을 지원할 예정이다.

마이 헬스웨이를 통한 의료분야 마이데이터 구현

보건복지부는 개인 중심 의료데이터 활용을 통해 국민의 건강을 증진하고자 '마이 헬스웨이 플랫폼 기반의 마이데이터 생태계 조성'을 추진 중이다.

마이 헬스웨이 플랫폼이란 데이터 보유기관에서 본인 또는 데이터 활용기관으로 건강정보가 흘러가는 고속도로 역할(네트워크 허브)을 수행할 수 있는 플랫폼을 의미한다.

즉, 개인 주도로 ❶자신의 건강정보를 한 곳에 모아서, ❷원하는 대상에게(동의 기반) 데이터를 제공하고, ❸직접 활용할 수 있도록 지원하는 시스템을 말한다. 이를 통해 정보 주체인 개인은 플랫폼을 통해 다양한 기관이 보유한 개인 건강 관련 정보(의료, 생활습관, 체력, 식이 등)를 한 번에 조회·저장하고 정보주체가 저장한 개인 건강정보를 활용기관에 제공토록 하여 진료, 건강관리 등 원하는 서비스를 받을 수 있도록

마이데이터의 시대가 온다

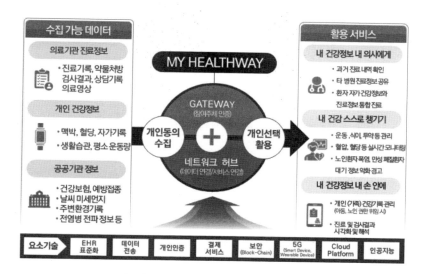

〔그림 8〕마이 헬스웨이 플랫폼 구성(안)

지원한다. 또한, 개인 건강정보를 다루는 만큼, 개인의 동의하에 조회·
저장·제공 과정이 이뤄지도록 하고, 인증·식별 체계를 통해 개인의 건
강정보가 유출되지 않도록 방지책도 마련할 계획이다.

이에 따라 보건복지부는 의료 마이데이터를 위한 청사진으로 아래
그림과 같이 3대 전략, 4개 분야 12개 과제를 선정하였다.

비전	개인 중심 의료데이터 활용을 통한 국민 건강증진

목표	마이 헬스웨이 플랫폼 기반 **마이데이터** 생태계 조성

3대 추진 전략	√ 순차적 · 단계적으로 의료데이터 제공 항목 확대 √ 국민들이 안심하고 이용할 수 있는 안전한 플랫폼 구축 √ 정부는 법 · 제도적 기반을 마련하고, 　민간은 혁신적 서비스를 제공하는 등 역할 분담

추진 과제 (4개 분야, 12개 과제)	1. 의료데이터 수집 체계 마련	2. 마이 헬스웨이 플랫폼 구축	3. 개인 주도 의료 데이터 활용 지원
	❶ 데이터 유형별 수집 항목 정의 ❷ 플랫폼 제공 데이터 표준화 ❸ 데이터 제공기관 참여 유인 마련	❶ 플랫폼 공통 인프라 구축 ❷ 사용자 인증 · 동의 체계 구현 ❸ 데이터 연계 네트워크 구축	❶ '나의건강기록' 앱 개발 ❷ 활용서비스 연 계 · 관리 방안 마련 ❸ R&D를 통한 서 비스 개발 지원

4. 의료분야 마이데이터 도입 기반 마련

❶ 생태계 활성화를 위한 법 · 제도 개선
❷ 민 · 관 협업을 위한 거버넌스 구축
❸ 대국민 소통 전략 마련

마이데이터의 시대가 온다

(1) 의료데이터 수집 체계 마련

가. 데이터 수집 항목 정의 및 표준화

공공건강데이터, 병원의료데이터, 개인건강데이터 등 개인 의료데이터는 유형별 PHR(Personal Health Record) 수집 항목을 정의하고 단계적 적용을 추진한다.

공공건강데이터는 기존에 공공기관 앱(The 건강보험, 건강정보, 예방접종알리미)을 통해 제공 중인 건강보험 청구데이터와 예방접종 데이터를 중심으로 플랫폼과의 연계를 추진하고, 공공데이터의 제공 범위를 지속 확대해나갈 계획이다.

건강보험공단	건강보험심사평가원	질병청
– 병명(질병코드) – 검진기관 정보 – 병·의원 정보	– 개인진료이력 (진료비 청구 정보) – 요양급여비용명세서	– 예방접종 백신정보 – 국민건강영양조사 정보

〔표 22〕 공공건강데이터 추가 연계 데이터 항목(예시)

병원의료데이터는 진료정보교류에 활용되는 진료기록요약지 서식을 참고하여 플랫폼을 통해 제공할 병원의료데이터 항목을 정의하고 의료기관 규모를 고려하여 단계적으로 확산해 나갈 계획이다. 이를 위해, 병원 정보화 수준과 EMR 설치 형태 등을 고려하여 인프라가 잘 갖춰진 상급종합병원부터 의료데이터를 제공하도록 추진하고, 의료기관 규모나 여건에 따라 단계적으로 확산해 나갈 것이다.

개인건강데이터는 현재 시판 중인 헬스케어 디바이스에서 수집되는 라이프로그(Lifelog) 중 생체 신호(혈당, 혈압, 심박수), 운동(걸음 수), 신체 측정(키, 몸무게), 휴식(수면) 등 주요 항목 위주로 플랫폼과의 연계를 추진한다. 유의미한 환자생성 개인건강데이터(PGHD, Patient-Generated Health Data)를 수집하기 위한 별도의 PGHD 실증 사업이나 연구용역도 추진할 계획이다.

제공기관별 의료데이터를 개인 중심으로 통합하기 위해 데이터 표준화도 추진된다.

먼저, 의료계·산업계·전문가 의견을 수렴하고 플랫폼을 통해 제공하는 개인의료데이터 표준제공항목을 확정하고, 국내·외 표준화 동향을 고려하여 데이터 세부항목별로 설명, 데이터 값, 참조한 용어표준·기준 등을 마련할 계획이다.

〔표 23〕 데이터 항목별 표준제공항목(예시)

항목	세부항목	설명	데이터 값	참조 용어표준·기준
개인 식별 정보	개인 ID	개인 식별자	텍스트	
	성명	개인 성명	성/이름 구성	
	생년월일	개인 생년월일	YYYYMMDD	
	성별코드	개인 성별코드	M/F	
	주소	도로명, 도로번호, 상세주소, 우편번호	텍스트	

마이데이터의 시대가 온다

항목	세부항목	설명	데이터 값	참조 용어표준·기준
진단 내역	진단일자	해당 상병의 진단일자	YYYYMMDD	
	상병코드	상병코드	코드	보건의료용어표준 (진단), KCD7
	진료구분코드	외래/입원 등 구별 코드	HL7 Act코드	HL7 Act코드
약물 처방 내역	처방일시	약품의 처방일시	YYYYMMDD	
	처방약품코드	처방된 약품 상품 코드	KD코드	KD코드
	주성분코드	처방 약품의 주성분 코드	ATC 코드	ATC 코드
	용량	처방된 약품의 1일 투약 총용량	양의 정수값	
	복용단위	처방된 약품의 1일 투약 총용량 단위	텍스트	
	횟수	처방된 약품의 1일 투여 횟수	자연수	
	투여기간	처방된 약품의 총투약일 수	자연수	
병리 검사 결과	검사일시	해당 검사 수행/시행 일 시	YYYYMMDD	
	검사코드	해당 검사의 코드 – 보 건의료용어표준(검사), 심평원EDI	심평원 EDI코 드, 보건의료 용어표준(검 사)	심평원 EDI코드, 보건의료용어표 준
	검사결과값	해당 검사의 결과값 (수치결과 또는 문자열)	텍스트	

항목	세부항목	설명	데이터 값	참조 용어표준·기준
생체 신호	측정일자	측정일자	YYYYMMDD	
	혈압	헬스케어 디바이스로 측정된 혈압	0~300 사이 의 자연수	LOINC
	심박수	헬스케어 디바이스로 측정된 체온	임의정수값	LOINC
	산소포화도	헬스케어 디바이스로 측정된 심박수	임의정수값	LOINC

또한, 제공기관별로 상이한 의료데이터를 표준제공항목으로 변환하기 위한 데이터 표준화 지원 가이드라인을 마련하고, 기관마다 변환 프로그램을 EMR에 구축할 수 있도록 표준제공항목 프로파일링 규격 정의서 등을 제공할 계획이다.

나. 데이터 제공기관 참여 유인 마련

데이터 제공 인프라 구축 비용 등을 고려하여 데이터 제공기관의 참여 활성화 방안도 마련한다.

먼저, 데이터 제공을 위한 초기 인프라 개선이나 구축 비용을 지원한다. 특히, 의료기관 다수가 사용하는 병·의원급 EMR 솔루션 위주로 EMR 개발 예산을 지원하여 플랫폼 참여 인프라 확산의 효율을 제고한다.

데이터 제공으로 수혜를 받는 정보주체나 활용기관 등을 대상으로 데이터 제공에 대한 과금 체계도 검토할 예정이다. 정보주체가 의료기관에서 진단서, 진료기록 사본, 영상기록 사본 등을 전자적으로 제공받을 경우에 정보주체가 제증명 수수료를 지급하는 방안을 검토 중이

마이데이터의 시대가 온다

며, 활용기관에서 의료데이터를 정기적으로 제공받는 경우 그 대가로 활용기관이 수수료를 지급하는 방안도 검토 중이다.

정부지원사업, EMR 인증제 등과 연계하여 데이터 제공기관의 참여도 유도한다. 데이터 중심병원, 스마트병원 등과 같은 의료정보 기반사업의 참여 또는 평가 요건에 '마이 헬스웨이 플랫폼 참여'를 포함하여 대형병원의 참여를 유도할 계획이며, EMR 인증 기준에 플랫폼을 통한 의료데이터 제공 지표도 추가할 예정이다.

(2) 마이 헬스웨이 플랫폼 구축

가. 플랫폼 공통 인프라 구축

6만여 개 의료기관을 포함한 데이터 제공기관, 국민, 활용기관 등 시스템 사용자 규모를 고려하여 안정적으로 대규모 데이터를 처리할 수 있는 시스템 기반 마련을 추진한다. 통합정보관리시스템을 통해 사용자·참여기관 등록정보를 관리하고, 의료기관 방문이력을 일괄적으로 인덱싱하는 등 플랫폼 운영 및 기준 정보를 관리한다. 구체적으로 ID · 가입 승인 여부 등 사용자 정보를 관리한다.

안전한 데이터관리, 대규모 정보처리를 위한 정보보안 등 인프라 구축도 추진한다. 보안 환경 도입, 전송구간 암호화, 모바일 보안, 취약점 분석 등을 통해 플랫폼 데이터 보안 체계를 마련하고, 개인정보 보안 관제를 위한 통합보안센터를 구축한다. 또한, 마이 헬스웨이 플랫폼에서 제공·연계되는 대규모 데이터의 실시간 트랜잭션을 안정적으로 지원하기 위한 인프라, 네트워크를 구축할 계획이다.

나. 사용자 인증·동의 체계 구현

국민들이 신뢰할 수 있는 안전한 마이 헬스웨이 플랫폼 구축을 위해 정보주체 식별·인증 체계를 마련하고 동의 체계를 확립할 계획이다.

플랫폼에 참여하는 주체(개인, 제공기관 등)를 명확하게 식별할 수 있는 체계 마련한다. 플랫폼 가입 시 기존에 공공영역에서 구축된 DB(고유식별번호, 건강보험 요양기관 DB 등)를 활용하여 중복 가입 등 방지하고, 고령의 부모님·어린 자녀 등 가족의 의료데이터를 대리 조회·활용할 수 있도록 정보주체 동의 기반의 가족 식별 체계를 구축할 계획이다.

한 번의 인증절차를 통해 다양한 공공기관, 의료기관의 본인 데이터를 안전하고 편리하게 이용할 수 있도록 통합인증체계를 마련한다. 사용자가 마이 헬스웨이 인증 앱 등을 활용하여 의료데이터를 요청할 수 있는 원패스 인증 방식을 구현할 계획이며, 보안성·확장성 높은 인증 시스템 구현을 위해 블록체인 등을 활용하여 탈중앙화 신원증명(Decentralized Identity) 기반의 인증 방식에 대한 적용도 검토할 예정이다.

정보주체의 자율성을 보장하는 데이터 제공 동의·철회 체계도 마련한다. 정보주체에게 고지해야 하는 사항, 정보주체가 충분히 이해하도록 설명할 의무 등의 동의의 원칙을 마련할 예정이다. 주요 단계별로(사용자 등록 및 인증, 데이터 활용 등) 개인이 동의한 정보만 받을 수 있도록 동의체계 및 시스템을 구축하고 원하는 경우 언제든지 동의 철회가 가능하며, 철회 시 데이터 수집이 불가능하도록 시스템을 구축할 계획이다.

마이데이터의 시대가 온다

다. 데이터 연계 네트워크 구축

플랫폼과 제공기관·활용기관 간 개인 의료데이터 송·수신을 지원하기 위해 네트워크 구축 방안을 마련한다.

먼저, 플랫폼에서 표준화된 형태로 데이터를 송·수신하기 위한 표준연계형식(API, Application Programming Interface)를 정의한다. 의료데이터 간 상호운용성 확보를 위해 데이터 원천 유형별로 FHIR(HL7이 개발한 차세대 의료정보 프레임워크) 프레임워크를 기반으로 표준연계 API를 구축한다.

API 명	API 상세 설명
환자 기본 정보 API	사용자의 기본 정보 조회
개인 인증 API	마이 헬스웨이 게이트웨이를 통한 사용자 인증
개인 동의 · 철회 API	사용자의 동의 · 철회 상태 조회
진단내역 API	사용자의 진단 내역 조회
약물처방내역 API	사용자의 약물 처방 내역 조회
검체검사 결과 API	사용자의 검체검사 결과 조회
병리검사 결과 API	사용자의 병리검사 결과 조회
영상검사 결과 API	사용자의 영상검사 결과 조회
기능검사 결과 API	사용자의 기능검사 결과 조회
수술내역 API	사용자의 수술내역 조회
알러지 및 부작용 API	사용자의 알러지 및 부작용 조회
예방접종내역 API	사용자의 예방접종내역 조회
생체신호 및 상태 API	사용자의 생체신호 및 상태 조회
흡연 및 음주 상태 API	사용자의 흡연 및 음주 상태 조회

〔표 24〕 병원의료데이터 제공 API 목록(예시)

데이터 제공기관 유형과 시스템 환경을 고려한 연계 방안도 마련한다. 공공기관의 경우, 건강보험공단, 건강보험심사평가원, 질병청 등 공공기관별 시스템과 직접 연계하는 방식으로 공공의료데이터를 연계할 계획이다. 의료기관의 경우에는 의료기관 유형에 따라 EMR에 저장된 병원의료데이터 연계를 추진한다. 종합병원 이상은 자체적으로 구축한 병원 내 EMR 서버에 매핑 프로그램을 직접 설치하여 플랫폼과 직접 연계하고, 병·의원급은 대부분 민간의 EMR 솔루션을 사용하므로 시스템 연계를 위한 표준모듈을 제공·배포하여 EMR 솔루션 내 매핑 프로그램을 설치한다. 라이프로그는 헬스케어 디바이스 간 연동을 위한 데이터 전송 표준을 바탕으로 개인건강데이터 연계 체계를 마련한다.

데이터 활용기관을 대상으로 플랫폼 연계 안내서를 마련하고 배포도 추진한다. 플랫폼 연계 방법, 준수해야 할 시스템 환경 및 정보보안 등 활용기관에서 플랫폼과 연계하여 서비스를 제공하고자 하는 경우에 필요한 시스템적인 요건을 정의하고, 활용기관 소프트웨어 개발을 위한 소프트웨어 개발 키트(SDK, Software Development Kit)를 마련할 계획이다.

(3) 개인 주도 의료데이터 활용 지원

가. '나의건강기록' 앱 제공

공공기관이 보유한 의료데이터를 조회뿐만 아니라 저장까지 할 수 있는 앱을 출시하여 실질적 개인 의료데이터의 활용을 지원한다.

2021년 2월, 공공기관 의료데이터를 개인이 직접 조회·저장·전송 등 활용하고 체감할 수 있도록 지원하는 '나의건강기록' 앱을 출시하였다. 진료이력·건강검진 이력(건보공단), 투약이력(심평원), 예방접종이력(질병청)

마이데이터의 시대가 온다

등 공공기관이 보유한 의료데이터를 '나의건강기록' 앱을 통해서 원하는 의료데이터만 선택하여 저장이 가능하다. 또한 개인이 저장한 본인의 의료데이터를 원하는 곳에 전송하고자 하는 경우 '공유 기능'을 통해 전송할 수 있도록 구현하고 있다.

〔표 25〕 '나의건강기록' 앱 주요 화면

'나의건강기록' 앱 개발 이후 사용자의 편의성과 활용성을 개선하고 있다. 안드로이드 버전 앱 개발 이후, 2021년 9월에 iOS 버전 앱을 개발하여 출시하였고, UI/UX 개선, 보안 강화 등 앱 기능 개선도 개선하고 있다. 향후 코로나19 백신 예방접종 이력을 추가로 연계하여 코로나19 상황에서의 연속적 의료서비스를 제공할 계획이다.

한편, 보건복지부는 '나의건강기록' 앱을 통해 국민 체감 서비스를 개발한 공로를 인정받아 '21년 매일경제 주관 대한민국을 빛낸 올해의 정책상에 '나의 건강기록 앱'이 선정되어 제민상(사회분야 부총리상)을 수상하였다.

나. 활용서비스 연계·관리 방안 마련

기존 범부처에서 추진한 유관 사업 등과의 연계를 통해 시너지를 창출하고, 안전한 의료데이터 활용을 위한 활용기관 사전 심사제도를 도입한다.

먼저, 건강관리사업·PHR 실증사업 등 기존 의료분야 사업과 플랫폼을 연계하여 사업 효과성 제고한다. 만성질환관리, 방문보건 등 지역주민 건강관리 사업과 플랫폼 연계를 추진하고, 마이데이터 실증 사업(과학기술정보통신부), PHR 기반 개인맞춤형 건강관리 시스템 사업(산업통상자원부) 등 부처에서 추진한 유관 사업과 플랫폼 간 연계도 추진한다. 또한, 개인 의료데이터를 활용하는 의료기관의 업무(진료, 간호 등) 프로세스도 개선한다. 환자의 기억에 의존하는 문진 대신, 과거 진료·투약 이력 등 개인 의료데이터를 기반으로 한 임상의사결정지원시스템을 구현하거나, 환자가 별도의 예방접종 증명 서류를 발급받을 필요 없이 본인의 예방접종 이력을 증명하고(코로나19 백신 포함), 의료기관에서는 예방접종 이력 정보를 바탕으로 의료기관 내 감염 관리 체계를 구축하는데 활용할 것으로 예상된다.

마이데이터의 시대가 온다

의료 마이데이터 초기 단계부터 건전한 생태계가 조성될 수 있도록 사전 심사제도를 운영한다. 이를 위해, 국민·의료계·산업계 논의를 통해 정보보호·보안·안전한 의료데이터 활용 측면을 고려한 사전 심사제도의 필요성을 검토하고, 사전 심사제도 도입 시에는 서비스 제공 계획, 개인정보보호 체계 구축, 전문성 등을 종합적으로 고려해 심사기준을 수립할 계획이다.

:: 디지털 경제 활성화를 위한
   통신 분야 마이데이터[34]

통신 분야의 경우 아직 마이데이터 도입 이전으로 본격적인 논의가
시작되는 단계이다. 현재 「전기통신사업법」에서는 통신사업자를 기간
통신사업자와 부가통신사업자로 나누고 있는 만큼 향후 「개인정보 보
호법」 개정에 따라 '전송요구권'의 일반법상 법률 근거가 마련되면, 하
위 규정인 과학기술정보통신부 고시로 통신 분야의 세부사항을 마련
할 때 기존 통신사업자 특성을 어떻게 마이데이터 제도에 포괄할지를
고민할 필요가 있다.

통신 분야를 규율하는 「전기통신사업법」에서 통신사업자는 크게 기
간통신사업자와 부가통신사업자로 나뉜다. 통신 분야의 데이터는 다
른 분야에 비해 유·무선통신, 플랫폼, 전자상거래, OTT 등 다양한 업
종에서 광범위하게 데이터가 생성되기 때문에 통신 마이데이터 사업자
에 대한 범주를 정하는 부분은 사회적 합의, 정책적 판단에 따라 달라
지는 특성이 있다.

---

34) 과학기술정보통신부(2021.11.25.). "통신분야 마이데이터 추진방향". 4차산업혁명위원회 '대한민
국 마이데이터 정책 컨퍼런스' 발표자료. 참고

마이데이터의 시대가 온다

기간통신 마이데이터

「전기통신사업법」상 기간통신사업자는 기간통신역무[35]를 제공하는 사업자로서 전기통신회선 설비를 사용하여 통신서비스를 제공하는 KT, SKT 등의 유무선 통신사업자와 지역방송사업자 등을 의미한다.

따라서 기간통신 마이데이터는 소비자가 기간통신사업자와 거래 관계에서 생긴 데이터를 제3자에게 전송하여 서비스를 구현하는 마이데이터 분야를 의미한다.

기간통신 마이데이터를 규정함에 있어 소비자와 기간통신사업자 간에 생성되는 데이터 중 마이데이터에 활용될 데이터를 결정할 필요가 있다. 호주 재무성(The Treasury)에서는 '소비자데이터권리(Consumer Data Right; 이하 CDR)[36]'를 통신 분야로 확장을 논의하기 위해 CDR를 통해 활용할 수 있는 통신 분야 데이터를 '통신 분야 자문보고서[37]'에 포함하고 있어 통신 분야 마이데이터 대상 데이터 선정에 있어 참고가 될 것이다. 특히 자문보고서의 통신사업자들은 우리의 기간통신사업자들에 해당되어 우리의 기간통신사업자들이 보유한 데이터 중 마이데이터

---

35) "기간통신역무"란 전화·인터넷접속 등과 같이 음성·데이터·영상 등을 그 내용이나 형태의 변경 없이 송신 또는 수신하게 하는 전기통신역무 및 음성·데이터·영상 등의 송신 또는 수신이 가능하도록 전기통신회선설비를 임대하는 전기통신역무를 말한다. (전기통신사업법 제2조 제11호)

36) 소비자가 정보 사업자(data holders)가 보유 중인 소비자 본인의 정보를 효과적이고 편리하게 접근하며, 본인이나 본인이 지정한 제3자에게 안전하게 정보를 제공하도록 하는 등, 데이터에 대한 소비자 통제권을 강화하는 것이 목적으로 2019년 제정된 호주의 소비자 권리 규정 (이금로.(2020), 호주 소비자데이터권리 제정의 시사점, 한국소비자원.)

37) Australian Government-the Treasury(2021.7.), "Consumer Data Right Sectoral Assessment-Telecommunications-Consultation Paper"

대상 데이터를 선정하는 데 참고할 수 있을 것이다.

CDR를 통해 활용할 수 있는 통신 분야 데이터는 크게 2가지로 구분된다.

1. 통신사업자가 서비스·상품을 제공하고 소비자가 이용하면서 축적된 '이용자 데이터(Consumer Data)'
2. 서비스·상품의 세부정보인 '상품 데이터(Product Data)'

이 중 '이용자 데이터'는 이용자의 기본정보, 서비스 이용정보, 요금제 등과 같이 통신서비스 이용자의 이용정보와 관련된 것이며, '상품 데이터'는 서비스 제공량, 인터넷 속도, 네트워크 품질 등과 같이 통신사업자가 제공하는 서비스와 관련한 상세 사양과 관련된 것이다. (표 26)

이용자 데이터	
이용자 계약 정보	• 성명, 전화번호, 이메일, 주소
서비스 정보	• 데이터, 국제통화 제공량 등 상세 제공서비스 • 결합상품 유무, 결합상품 종류
요금제	• 월 요금　　　　　　　• 추가 요금 (제공량 초과 이용) • 기가 비용 (단말기 ,태블릿 등)
수수료 및 비용	• 주기적·일시적 수수료　• 가입·계정등록비 • 설치비　　　　　　　• 기기비용단말기, 휴대용기기, 모뎀) • 기술자 출장비　　　　• 초과이용료(데이터 또는 국제전화) • 연체·계약해지료　　　• 이용자별 맞춤 요금 및 할인
계약 정보	• 계약기간　　　　　　• 결합계약(단말기 결합) • 최소·최대 요금 정보 • 계약 파기 또는 해지 위약금
하드웨어	• 요금제 포함 단말기 또는 하드웨어(이동전화, 모뎀, 배터리)
사용량 정보	• 기간별 데이터 사용량, 음성통화 사용시간, 전송 문자 수
네트워크 정보	• 서비스에 제공된 도매 네트워크

마이데이터의 시대가 온다

기술정보	• 요금제에 따라 이용 가능한 모바일 또는 인터넷 유형(4G · 5G, 댁내까지 광통신망, 노드까지 광통신망 · 위성)
인터넷 속도	• 계약 속도 • 주소 내 이용가능한 최대 속도
장애 정보	• 접수 장애 건수, 장애 특성, 각 장애 해결 시간
상품 데이터	
서비스 세부사항	• 서비스 제공자의 이름 또는 식별자 • 서비스 정보 • 데이터 및 국제전화 제공량 • 서비스 제공 네트워크
인터넷 속도	• 서비스 속도 정보 • 인터넷 속도 티어(tier) • 샘플링 또는 테스트 속도 데이터
계약 정보	• 계약에 따른 서비스 제공 여부 및 계약 기간 • 최소 계약 기간 • 계약 파기 또는 해지 위약금
요금 및 수수료	• 서비스 월 요금 • 데이터 및 국제전화 제공량 초과 요금 등의 부가 요금 • 상품 결합 할인
네트워크 커버리지	• 다양한 위치의 네트워크 가용성 및 커버리지 품질 정보 • 특정 위치에서 이용 가능한 기술 정보(4G · 5G, 댁내까지 NBN 광통신망 · 노드까지 광통신망 · 위성)
서비스 품질	• 소비자 요구에 가장 적합한 서비스 제공업체를 결정하는 데 필요한 보다 일반적 정보 • 이 범주에서 가능한 데이터 세트는 다양할 수 있음

〔표 26〕 호주 CDR로 활용될 수 있는 통신 데이터 유형

우리나라의 경우 현재 기간통신사업자가 보유한 데이터 중 「신용정보법」에서 신용정보로 규정되어 있는 이용요금 청구정보, 납부정보, 소액결제 이용내역 등은 통신사들이 보유한 통신업 정보지만, 「신용정보법」(제2조1호의3마목)의 상행위에 따른 정보로서 신용정보에 포함되어 금융마이데이터에서 활용되며, 통신사 이용자들은 각 사의 홈페이지를 통해서 가입, 납부(결제), 이용행태 관련 정보를 이미 제공받고 있다.

여기서 각 사에서 제공하는 '이용형태 정보'는 요금제의 기본 제공량, 통화량, 부가서비스 이용 등과 같은 '서비스 이용정보', 기지국과의 통신으로 기록되는 '위치정보', 멤버십 포인트 현황, 이용내역, 사용처 등에 관한 '멤버십 관련 정보'로 구성되어 이용자들에게 이미 제공되고 있으므로 기간통신 마이데이터 도입 시 전송요구 대상으로 우선 논의될 수 있다.

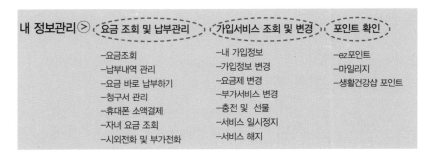

〔그림 9〕 A통신사 홈페이지 마이메뉴 구성

아울러, 통신 분야 마이데이터에서는 호주의 통신 분야 CDR 활용에서와 같이 통신 서비스 이용정보뿐 아니라, 통신사업자가 제공하는 서비스의 상세 정보까지 전송요구 범위에 포함되어야 보다 다양하고 고도화된 맞춤형 서비스를 제3자가 제공할 수 있으므로 통신 분야 마이데이터 정책 방향을 정하고 그에 따라 어떠한 정보를 전송요구 범위에 포함시킬 것인지를 논의할 필요가 있다.

마이데이터의 시대가 온다

부가통신 마이데이터

부가통신은 기간통신을 제외한 모든 통신서비스를 의미한다. (전기통신사업법 제2조12호) 따라서 부가통신 마이데이터 사업자는 네이버, 카카오 등과 같은 플랫폼 사업자부터 이커머스, 앱서비스 등과 같은 전기통신사업자들 모두가 해당될 수 있다. 이와 같이 다양한 분야의 부가통신에서 수집, 생성, 활용되고 있는 데이터는 그 종류가 매우 다양하고 이질적이기 때문에 통신 마이데이터 정책 목적, 설정 범위에 따라서 전송요구 대상 데이터는 달라질 수 있다.

향후 IoT, 자율주행, AI, 빅데이터 분석기술 등의 발달로 인해 非개인정보가 개인정보를 능가할 것으로 예상되며, 다양한 부가통신 사업에서 非개인정보를 보다 더 많이 생성, 축적하고 하는 상황이다. 또한 IoT 환경에서는 개인정보와 非개인정보의 경계가 점점 모호해지고 있다. 그런데 이러한 상황에서 데이터의 자유로운 이동을 통한 산업 활성화에 그 정책 목적을 둔다면 非개인정보도 자유로운 이동에 초점을 맞출 것이며, 개인정보보호에 무게를 더 둔다면 개인정보와 혼재된 非개인정보는 개인정보와 같은 수준에서 적용을 받게 하는 등 정책 목적이 데이터의 활용과 이동 수준을 결정하는 중요한 기준이 될 수 있다.

한편 데이터의 생성방식도 마이데이터 전송 대상을 결정하는 데 중요한 기준이 될 수 있을 것이다. OECD는 이동 가능한 데이터 종류를 고려함에 있어 데이터 생성방식에 따라 데이터 종류를 다음의 4가지로

유형으로 구분하였다.[38]

첫째, 자발적인 데이터. 이는 개인이 자신이나 다른 사람에 대한 데이터를 명시적으로 공유할 때 제공하는 데이터를 의미하며, 소셜네트워크 프로필 생성, 신용카드 정보 입력이 이에 해당한다.

둘째, 관찰된 데이터. 개인의 활동이 포착되고 기록되는 과정에서 생성된 데이터를 의미하며, 이동전화의 위치 데이터, 이용행태 데이터가 이에 해당한다.

셋째, 획득한 데이터. 상업적 라이센스 계약 또는 비상업적 수단(예: 공공정보 개방)을 통해 제3자로부터 획득한 데이터를 의미하며, 계약 및 기타 법적 의무가 데이터 공유에 영향을 미칠 수 있다는 특징이 있다.

넷째, 추론된 데이터. 패턴을 감지하기 위해 간단한 추론 및 기본 수학을 이용하여 상당히 기계적인 방식으로 생성된 데이터를 포함해 데이터 분석을 기반으로 생성된 데이터를 의미하며, 재정기록에 기반한 신용점수가 이에 해당한다.

---

38) OECD(2019. 11.), Enhancing Access to and Sharing of Data.

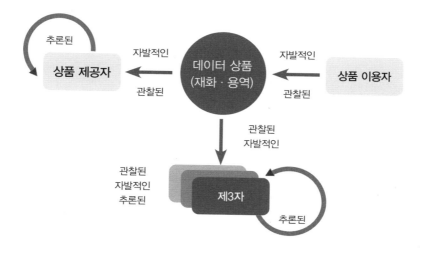

〔그림 10〕 생성방식에 따른 데이터 유형
(OECD(2019. 11.), Enhancing Access to and Sharing of Data.)

　OECD의 생성방식에 따른 분류는 부가통신 사업뿐 아니라 기간통신 사업에도 적용될 수 있는 방식이며, 특히 부가통신 사업과 같이 다양한 데이터를 포괄할 경우 이동권 대상 기준을 마련할 때 데이터 분류기준으로 참고할 수 있을 것이다.

　한편 통신 분야 마이데이터 추진에 있어서 부가통신 중 최근 가장 이슈가 되고 있는 플랫폼 사업자들에 대해서도 그 특성을 고려할 필요가 있다.

　EC(European Commission)는 온라인 플랫폼 경제에 관한 보고서[39]를 통해서 플랫폼과 이용자 간에 생성된 데이터를 6가지 유형으로 분류하고 있는데, 이러한 분류 유형은 향후 부가통신사업에 해당하는 플랫폼 기

---

39)　European Commission(2020), "Work stream on Data – Expert Group for the Observatory on the Online Platform Economy", Progress Report.

업들이 보유하고 있는 데이터를 분류하고 전송대상을 선정하는 데 도움이 될 것이다.

사업자 식별 세부정보	• 사업자 자체에 대한 정보 • 사업자 주소, VAT 번호, 국적
고객 식별 세부정보	• (잠재)고객의 신원 · 프로필(성명, 연령, 성별) • 연락처 세부정보(이메일, 주소), 지리적 출처(IP 주소)
거래 데이터	• 플랫폼에서 특정 거래를 통해 생성된 정보 • 제공된 상품 · 서비스, 가격, 결제방법, 사업자와 고객 간 소통, 리뷰 및 거래평가, 거래 전/후 조회한 항목 및 인터넷상 출처)
사업 성과	• 플랫폼을 통한 모든 거래에 대한 정보 • 제공하는 상품 · 서비스 수, 가격 및 가격변동, 거래 건수, 총매출액, 이용자 트래픽
이용자 행동	• 플랫폼에서의 고객 · 잠재고객의 행동 • 클릭, 검색기록, 플랫폼에서 구입한 기타 상품 · 서비스, 지리적 위치, 데이터출처, 전환율
시장 동향 / 개발분석	• 플랫폼에 의해 수집되는 데이터의 집계 및 분석

〔표 27〕 온라인 플랫폼과 이용자 간 데이터 유형(European Commission(2020),
"Work stream on Data – Expert Group for the Observatory on the Online
Platform Economy"Progress Report.)

이러한 데이터는 통신사업자와 이용자의 거래 수준에 따라서 다르게 수집될 수 있다. 모든 플랫폼 사업자들이 같은 조건인 상황에서 개별 데이터가 수집되지 않았기 때문에 온라인 플랫폼 사업자들이 보유하고 있는 전반적인 데이터 종류 및 분류를 파악하는 데 있어서 참고를 할 수 있을 뿐, 실제 개별 데이터를 모든 플랫폼이나 부가통신사업자들이 전송해야 하는 데이터로 포함시켜야 하느냐는 개별적인 논의가 필요하다.

마이데이터의 시대가 온다

이와 같이 데이터의 이질성과 사업별 고유한 형태를 지니고 있는 부가통신사업자들에게 모든 것을 포괄하는 수평적 정책을 적용하는 것은 적절하지 않을 수 있다. 데이터 이동성은 정보주체의 자기정보 결정권 보장뿐 아니라 통신산업의 경쟁 및 혁신에 미치는 영향을 세밀히 검토하여 결정할 필요가 있다. 정책목표에 따라서 데이터·제공자·수신자의 범위, 전송시스템 구축·운영 비용 외 데이터의 가치를 반영한 대가 산정 여부, Aggregator의 역할 등이 달라질 수 있다.

디지털 경제의 지속성장을 위해서는 마이데이터 정책과 시장 자율적인 데이터 거래 확산 정책의 조화를 통해 데이터 경제 전체를 활성화시킬 필요가 있다. 마이데이터가 단순한 정보전송뿐 아니라 데이터 시장 거래 확산을 촉진할 수 있는 촉매재가 될 수 있도록 기술적·제도적 설계가 필요하다.

글로벌 플랫폼의 데이터 이동 지원

우리나라에서 부가통신으로 분류되는 글로벌 플랫폼 기업들은 이미 본인이 다운로드를 할 수 있는 데이터 이동을 지원하고 있다.

구글은 일부 서비스(이메일, 문서, 캘린더, 포토, 유튜브 동영상)에 대해 다운로드와 데이터 내보내기를 지원하고 있으며, 전송방법은 이메일을 통한 다운로드 링크 전송, 구글 드라이브 추가 외에 Dropbox, 마이크로소프트 One Drive 등에 추가가 가능하다. 페이스북은 내 활동 정보[40],

---

40) 게시물, 댓글 및 공감, 메시지, 리뷰, 페이지, 스토리, 이벤트, 저장된 항목 및 컬렉션 읽은 기사, 내 장소, 결제내역 등

기록된 정보[41], 광고 정보[42]의 다운로드를 지원한다. 트위터는 프로필 정보, 트윗, 쪽지, 모멘트, 미디어, 팔로워·팔로잉 계정 리스트, 주소록 등과 함께 트위터가 나에 대해 추천한 관심사 및 인구통계정보, 내가 트위터에서 조회하거나 참여한 광고에 대한 정보 등을 다운로드 할 수 있도록 지원하고 있다.

애플은 계정 세부정보, iCloud에 저장된 데이터, iCloud, Apple Music, Game Center 사용 정보 등을 다운로드 할 수 있도록 지원하고 있으며 별도 접근 또는 요청을 통해 AppleCare 케이스 메모, iTunes U 데이터, FaceTime 통화 초대 기록, Apple pay 카드의 기록을 이용할 수 있다.

한편 글로벌 플랫폼 기업들은 위에서 언급한 본인 다운로드 형식의 간접적인 데이터 이동을 넘어 서로 다른 사업자 간에 개인정보를 쉽게 전송할 수 있도록 오픈소스 기반의 공통 프레임워크를 구축하여 제3자 전송 형태의 마이데이터 서비스인 '데이터 전송 프로젝트(Data Transfer Project, 이하 DTP)'를 추진하였다.

---

41) 내 활동을 바탕으로 결정된 주제, 위치, 반응한 추천음악, 검색내역, 알림 등
42) 시청한 광고, 클릭한 광고, 내 활동을 기반으로 타겟팅된 주제

마이데이터의 시대가 온다

2018년 구글, 페이스북, 마이크로소프트, 트위터가 프로젝트 착수를 발표하였고 이후 Apple 및 SmugMug가 합류하였다. 이를 통해 구글 포토의 사진을 Flickr 및 마이크로소프트 One Drive로, iCloud 사진을 구글 포토로 전송이 가능하게 되었다. 또한 이용자들은 페이스북의 사진과 동영상을 구글 포트, Dropbox, Koofr(클라우드 계정 연동 서비스)으로 전송할 수 있으며, 페이스북 노트와 게시물 일부를 Blogger, 구글 문서, WordPress.com으로 전송할 수 있게 되었다.

마이데이터,
WHERE ARE TO GO?

4차 산업혁명 미래 보고서 ————

마이데이터의
시대가 온다

마이데이터 법제도 기반 마련

마이데이터 제도화를 위한 고려사항

법무법인 광장 고환경 변호사

마이데이터 관련 법제도 개선의 움직임을 짚어보며…

2020. 8. 4. 시행된 개정 데이터 3법 중 「신용정보법」 개정을 통해 국내 최초로 도입된 금융 분야 마이데이터 산업은 4차 산업혁명시대의 데이터 경제를 견인하는 주요한 산업으로 이해되고 있다. 특히 정부는 금융분야 마이데이터 산업에 머무르지 않고 모든 산업 영역으로 이를 확산할 예정이다. 대통령 직속 4차산업혁명위원회는 2021. 6. 11. "마이데이터 발전 종합대책" 안건을 심의·의결하면서 전 산업 분야로 마이데이터 산업이 단계적으로 도입될 수 있도록 관련 법제도를 개선해 나가는 한편 「개인정보 보호법」 개정을 통해 사업 추진을 위한 법적 근거를 마련할 것을 밝히고 있다. 이에 2021. 9. 28. 개인정보 이동권 및 마이데이터 사업과 관련된 개인정보 관리전문기관 조항을 담고 있는

「개인정보 보호법 일부개정법률안」(의안번호 12723)이 국회에 발의되었다.

이에 필자는 본고에서 금융분야 마이데이터 사업이 본격적으로 시행되고 마이데이터 사업이 전 산업 분야로 확산·도입되기 위한 「개인정보 보호법」 개정이 추진되는 현시점에서 우리가 다시 한번 되짚어 보고 검토해야 할 법제도 개선 관련 주요 이슈들과 과제들을 살펴볼 필요가 있다고 생각한다. 특히 개별 이슈들을 살펴보기에 앞서 개인정보 이동권의 법적 성질을 살펴보고, 그 이후 「개인정보 보호법」 개정과 관련하여 국회 법률 검토 및 시행령 성안 과정 중에 살펴볼 주요 이슈들과 과제를 짚어보기로 한다.

개인정보 이동권의 법적 성질

우선 개인정보 이동권이 컴퓨터 등 정보처리장치로 처리된 정보를 그 대상으로 한다는 점에서 디지털 전환시대에 새롭게 도입된 개인정보 자기결정권의 한 유형으로 보는데 별다른 이견이 없는 것으로 보인다. 다만 개인정보 이동권의 법적 성질을 좀 더 명확히 규명하기 위해서는 현행 「신용정보법」 관련 조항을 비판적으로 검토해 볼 필요가 있다.

「신용정보법」 제33조의2는 개인신용정보의 전송요구라는 제목하에 정보주체가 자신의 정보를 보유하고 있는 신용정보제공·이용자등에 대하여 전송을 요구할 수 있는 자로 대통령령으로 정하는 신용정보제공·이용자, 본인신용정보관리회사(마이데이터 사업자) 뿐 아니라 "해당 신용정보주체 본인"도 함께 규정하는 형식을 취한다(법 제33조의2 제1항43).

2021. 9. 28. 국회에 제출된 개정 「개인정보 보호법」상의 개인정보 이동권 조항도 유사하게 규정하고 있다(법 제35조의2)44).

그러나 개인정보 이동권과 관련하여 아래에서 살펴보는 것처럼 정보주체에 대한 전송(이하 편의상 '다운로드권'으로 부른다)과 정보주체 이외의 자에 대한 전송(이하 편의상 '직접 전송요구권'으로 부른다)은 그 법적 성질이 다르다는 점에서 앞서 살펴본 것처럼 한 조항에서 한꺼번에 규정하는 것은 입법적으로 재고(再考)가 필요해 보이며 가능하다면 구분하여 규정하는 것이 타당한 것으로 보인다.

먼저 다운로드권은 개인정보 열람권의 성격을 가지므로(즉 개인정보 열람권의 디지털 버전이라고 볼 수 있다) 디지털 전환시대의 새로운 개인정보 자기결정권에 해당된다. 따라서 정보주체가 컴퓨터 등 정보처리장치로 처리되는 개인정보의 다운로드를 요청하는 경우 원칙적으로 모든 개인정보처리자가 이를 이행하여야 할 것으로 보인다.

---

43) ① 개인인 신용정보주체는 신용정보제공·이용자등에 대하여 그가 보유하고 있는 본인에 관한 개인신용정보를 다음 각 호의 어느 하나에 해당하는 자에게 전송하여 줄 것을 요구할 수 있다.
　　1. 해당 신용정보주체 본인
　　2. 본인신용정보관리회사
　　3. 대통령령으로 정하는 신용정보제공·이용자
　　4. 개인신용평가회사
　　5. 그 밖에 제1호부터 제4호까지의 규정에서 정한 자와 유사한 자로서 대통령령으로 정하는 자
44) 제35조의2(개인정보의 전송 요구) ① 정보주체는 개인정보처리자에게 그가 처리하는 자신의 개인정보를 다음 각 호의 자에게 전송할 것을 요구할 수 있다.
　　1. 정보주체 본인
　　2. 제35조의3제1항에 따른 개인정보관리 전문기관
　　3. 제29조에 따른 안전조치의무를 이행하고 대통령령으로 정하는 시설 및 기술 기준을 충족하는 자

그러나 직접 전송요구권은 정보주체가 개인정보 처리자(금융회사 등)에게 자신의 개인(신용)정보를 제3자에게 제공(전송)할 것을 요구할 수 있는 권리를 그 내용으로 하기 때문에 필연적으로 해당 개인정보 처리자는 이러한 정보주체의 요구를 이행하기 위해 관련 시스템 설치 등 상당한 수준의 투자 비용이 발생하게 된다. 특히 직접 전송요구권은 개인정보 자기결정권에 포함된다고 보더라도 경쟁법적인 고려, 특히 데이터 독점을 통한 고착효과를 감소시키고 이용자 선택권을 확대하는 등의 정책적 고려가 가미된 권리라는 점에서 그 수범자의 범위를 다운로드권과는 달리 규정할 필요가 있는 것으로 보인다. 다만 현행 「신용정보법」이 개인신용정보 전송요구에 따라 개인신용정보를 제공 받는 자에 정보주체 본인과 대통령령으로 정한 신용정보제공·이용자 등을 함께 규정할 수 있었던 것은 금융 분야에 개인신용정보 전송요구권을 일괄적으로 도입하더라도 이미 금융분야에서 개인신용정보를 처리하는 금융기관, 전자금융업자 등이 이를 이행할 수 있는 전자금융시스템을 다른 산업에 비해 잘 갖추고 있다는 점 등이 정책적으로 고려된 것으로 알려져 있다. 따라서 개인정보 이동권이 일반 규정으로 모든 산업분야에 적용되는 개정 「개인정보 보호법」 제35조의2는 「신용정보법」 제33조의2와는 달리 다운로드권과 직접 전송요구권을 다른 항으로 규정하고, 구체적인 수범자의 범위를 위에서 언급한 정책적 고려 요소 등을 고려하여 다르게 규정할 필요가 있을 것으로 보인다.

참고로 민형배 의원이 2021. 5. 26.자 대표발의한 「개인정보 보호법 일부개정법률안」에서 제35조의2는 개인정보의 전송요구권을 정하면서, '개인정보를 자신에게로 전송할 것을 요구할 수 있는 권리'(다운로드권)와

마이데이터의 시대가 온다

'대통령령으로 정하는 다른 개인정보처리자 또는 제35조의3 제1항에 따른 개인정보관리 전문기관에게로의 전송할 것을 요구할 수 있는 권리'(직접 전송요구권)를 항을 나누어 달리 규정하고 있으므로, 정부가 발의한 개정 「개인정보 보호법」과의 통합 심사 과정에서 대안을 마련하는 등의 고려가 필요할 것으로 보인다.

개인정보 보호법 개정 관련 주요 이슈 및 과제

(1) 개인정보 이동권은 전 산업분야로 확산·도입되는 마이데이터 사업을 위한 법제도적 기초로서 역할을 한다는 점에서 일반법인 「개인정보 보호법」에 규정되는 것이 타당한 것으로 보인다. 다만 「개인정보 보호법」은 정보주체의 개인정보보호에 관한 규율을 주된 목적으로 하는 일반법의 지위를 가진다. 이에 법체계적으로 각 산업분야에서 데이터 산업과 관련한 일정한 역할을 하게 될 마이데이터 사업자의 일반적이고 공통적인 규정 이외에 마이데이터 사업자로서 데이터를 활용하여 구체적으로 영위 가능한 허용 업무, API 구축 등 기술 관련 가이드라인, 마이데이터 사업자의 금지행위 등과 관련한 내용을 충분히 규정하기는 어려울 가능성이 있다. 따라서, 「개인정보 보호법」에는 개인정보 이동권 이외에 마이데이터 사업과 관련한 최소한의 공통의 규정을 규정하되, 개별 법률에서 위에서 언급한 특별 조항을 규정하는 등의 입법적 고려가 이루어질 필요가 있는 것으로 보인다.

(2) 현행 「신용정보법」은 민감정보(예컨대, 보험금 지급정보 중 피보험자의 병력 및 사고이력 등), 개인정보를 기초로 금융기관 등이 추가적으로 생성·

가공한 2차 정보(예컨대, CB사의 개인신용평점, 금융회사가 산정한 자체 개인신용평가(CSS) 결과 등)를 전송대상 정보에서 제외하고 있다. 그러나 금융분야 외 다른 분야에서도 민감정보 및 2차 정보를 일률적으로 전송요구 대상에서 제외할 것인지에 대해서는 신중한 검토가 필요해 보인다. 특히 의료분야는 전송 요구 대상이 될 것으로 예상되는 EMR(Electronic Medical Record) 정보가 질병정보로서 민감정보에 해당하므로 「개인정보 보호법」 개정을 통해 이에 관한 예외를 명확히 인정할 필요가 있다. 특히 의료인 내지 의료기관이 생성한 처방전, 진료기록 역시 그 대상이 될 것으로 예상되는데, 이미 「의료법」 제21조 제1항은 환자의 열람 요청이 있는 경우 의료인 또는 의료기관은 정당한 사유가 없으면 이를 거부할 수 없는 것으로 규정하고 있으므로[45] 법적 명확성의 관점에서 「개인정보 보호법」 개정안 제35조의2 관련 조항에 예외를 규정하는 등의 입법적 고려를 하는 방안을 고려할 필요가 있을 것으로 보인다.

(3) 전송요구권 행사에 따른 정보전송 주기에 대해서도 각 산업별 마이데이터 도입과 관련하여 구체적인 논의가 필요해 보인다. 「신용정보법」은 신용정보주체가 개인신용정보 전송의 주기도 스스로 결정하여 요구할 수 있도록 규정하고 있다[46]. 그러나 금융분야 외 다른 분야에

---

[45] 제21조(기록 열람 등) ① 환자는 의료인, 의료기관의 장 및 의료기관 종사자에게 본인에 관한 기록(추가기재·수정된 경우 추가기재·수정된 기록 및 추가기재·수정 전의 원본을 모두 포함한다. 이하 같다)의 전부 또는 일부에 대하여 열람 또는 그 사본의 발급 등 내용의 확인을 요청할 수 있다. 이 경우 의료인, 의료기관의 장 및 의료기관 종사자는 정당한 사유가 없으면 이를 거부하여서는 아니 된다. 〈신설 2016. 12. 20., 2018. 3. 27.〉

[46] 정보주체가 정기전송을 요구하는 경우, 정기전송 주기에 따라 두 가지(기본정보/추가정보)로 분류됨. 기본정보는 주 1회 전송, 추가정보는 일 1회 전송

서도 정보주체가 전송주기를 스스로 결정할 수 있도록 규정할 것인지는 각 산업별 마이데이터 사업의 구체적인 내용에 따라 필연적으로 달리 정해질 수밖에 없는 것으로 보인다. 특히 정기적인 정보 전송의 경우 정보제공자에게 많은 비용이 발생하게 되므로 비용 부담 주체를 명확히 정하거나 지원 방안에 대해서도 고려할 필요가 있다.

(4) 전송요구권 행사 상대방을 어떠한 기준으로 정할 것인지에 대해서도 충분한 검토가 이루어질 필요가 있다. 정부가 발의한 「개인정보 보호법」 개정안은 전송요구 대상 정보를 규정하면서, "전송 요구를 받은 개인정보처리자가 매출액, 개인정보의 규모, 개인정보 처리능력, 산업별 특성 등을 고려하여 대통령령으로 정하는 기준에 해당할 것"을 하나의 요건으로 정하고 있다(법 제35조의2 제2항 제4호). 다만 앞서 살펴본 바와 같이, 다운로드권은 개인정보 자기결정권의 성격을 가지는 것이 분명하다고 볼 수 있으나, 직접 전송요구권은 데이터 독점, 이용자의 선택권 제고 등과 같은 경쟁법 및 소비자보호와 관련한 정책적 고려가 함께 이루어질 필요가 있는 권리라는 점을 고려하여 수범자의 범위와 기준을 달리 정할 필요가 있을 것으로 생각된다.

(5) 전송요구권 행사 대상 정보를 어떠한 방식을 정할지에 대해서도 충분한 검토가 필요하다. 「신용정보법」은 개인신용정보 전송요구권 대상 정보를 시행령에서 상세히 정하는 한편, '그 밖에 이와 유사한 정보'를 포함하여 시행령 별표를 통해 예시적으로 규정하고 있다. 그러나 이러한 규정형식을 「개인정보 보호법」 개정안 제35조의2 개인정보 이동권

규정에 그대로 반영하기는 어려워 보인다. 특히 「신용정보법」에 따라 금융위원회와 신용정보원은 워킹 그룹을 운영하여 150여 차례에 걸친 업권 협의를 통해 전송 요구 대상 범위를 협의하고 협의의 결과를 가이드라인 형태로 공개한 바 있다[47]. 과연 다른 산업 분야에서도 이러한 방식으로 대상 정보를 정하는 것이 현실적으로 가능한지, 실행 가능한 방안이 무엇인지 등에 대해 좀 더 구체적인 고민이 이루어질 필요가 있어 보인다[48].

⑥ 마이데이터 진입규제의 수준에 대해서도 구체적인 검토가 필요해 보인다. 우선 「개인정보 보호법 일부개정법률안」은 개인정보보호위원회 또는 관계 중앙행정기관의 장이 개인정보의 전송 요구권 행사 지원, 정보주체의 권리행사를 지원하기 위한 개인정보의 관리, 분석 업무 등을 수행하는 개인정보관리 전문기관을 '지정'할 수 있다고 규정하고 있다 (동법 제35조의3 제1항). 그러나 마이데이터 사업자 지정 제도를 도입할 것인지에 대해서는 좀 더 신중한 검토가 필요해 보인다. 지정은 강학상 특허의 성격을 가지는데, 허가보다 규제기관의 재량이 더 큰 것으로 알

---

47) 예컨대 신용정보법 시행령 「[별표1] 본인신용정보관리업에 관한신용정보의 범위」에서는 정보주체가 전송요구할 수 있는 계좌정보 중 고객정보를 "최초개설일, 인터넷뱅킹 가입 여부, 스마트뱅킹 가입 여부 및 그 밖에 이와 유사한 정보"라고 규정하고 있음에 반하여, 금융당국이 발간한 「마이데이터 서비스 가이드라인」은 전송요구 대상이 되는 계좌정보 중 고객정보를 '기관 (코드)', '고객정보 최초생성일시', '계좌번호', '최종회차번호', '상품명', '외화계좌여부', '계좌번호별 구분 코드', '계좌번호별 상태 코드'로 한정적 열거하고 있다.

48) 개인적인 의견으로는 데이터 표준협의체를 통해 마이데이터 사업에 필요한 대상 정보를 리스트업 하는 한편, 정보주체가 마이데이터 서비스 이용을 위해 전송요구권을 행사할 것으로 예상되는 정보 위주로 대상 정보를 선별하고, 데이터 거래와 관련한 인센티브 제도 확충 등 실행 가능한 방안을 구체적으로 마련할 필요가 있는 것으로 보인다.

마이데이터의 시대가 온다

려져 있다[49]. 마이데이터 사업의 고유 업무는 정보주체의 전송요구권을 통해 취득한 본인의 개인정보를 통합하여 관리하는 한편, 정보주체가 원하는 경우 관리하고 있는 데이터를 활용하여 맞춤형 또는 생활밀착형 서비스를 제공하는 것, 즉 수집한 데이터의 창의적인 활용이 매우 중요하다는 점에서 진입과 관련한 규제정책을 합리적으로 조정하고 진입과 관련한 판단기준을 그러한 사정들을 고려하여 마련할 필요가 있기 때문이다.

마치며

앞서 정리한 주요 이슈와 과제 이외에도 다루지 못한 다양한 이슈와 과제가 추가적으로 검토되고 해결되어야 할 것이다. 특히 데이터 경제를 선두에서 견인할 산업으로 마이데이터 사업이 전산업 분야에 성공적으로 확산되기 위해서는 균형 잡힌 합리적인 법제도 마련이 반드시 이루어져야 한다는 점을 다시 한번 강조하며 글을 마치고자 한다.

---

49) (정보통신망법상의) 본인확인기관을 지정하는 것은 자격요건을 갖추었다고 해서 무조건 지정해야 하는 것이 아닙니다. (…) 특허사업이기 때문에 재량적 판단이 폭넓게 허가된 사업입니다. 따라서 방통위의 재량적 권한이 상당히 폭넓게 허용되어 있다고 볼 수 있습니다 (2021. 3. 9. 제8차 방송통신위원회 회의 속기록)

개인정보 이동권 도입, 선진국 사례와 우리가 나아갈 길

김앤장법률사무소 정성구 변호사

개인정보 이동권이 도입되는 배경은?

개인정보 이동권(Right to data portability)이란 용어는 EU의 일반정보보호법(General Data Protection Regulation, 이하 "GDPR")의 제정과 동시에 세상에 알려지게 되었다. GDPR의 제정 전까지 개인이 자신의 개인정보를 보유한 개인정보처리자에 대하여 행사할 수 있었던 권리는 주로 본인의 개인정보(이하 "본인정보")에 접근할 수 있는 권리(Right to access, 즉, 열람권)와 본인정보의 처리를 제한할 수 있는 권리(즉, 정정, 삭제, 처리정지를 요구할 수 있는 권리)만 인식되고 있었다. 물론 GDPR의 제정 전에 이미 입법되었던 「개인정보 보호법」과 「신용정보의 이용 및 보호에 관한 법률(이하 "신용정보법")」도 이러한 인식하에 두 가지 권리만을 규정하고 있었다.

이와 같이 GDPR이 개인정보 이동권이 각국 법제에 영향을 준 것은 이해할 수 있지만, GDPR이 가져온 여러 가지 영향 중에 유독 개인정보 이동권이 (특히 우리나라에서) 각광을 받고 있는 이유는 무엇인가?

먼저 GDPR이 개인정보 이동권을 도입한 이유는 다음과 같이 이해되고 있다.[50]

---

50) 김서안, 이인호, "유럽연합과 미국에서의 개인정보이동권 논의와 한국에의 시사점", 중앙법학 21-4 (2019), 제281면 이하 참조

마이데이터의 시대가 온다

첫째, 개인정보주체의 자기정보 통제권(이는 우리 헌법재판소가 언급한, 개인정보 자기결정권과 같은 의미이다)을 강화하기 위해서이다. 개인정보주체가 개인정보처리자에 대하여 갖는 자기정보 통제권의 관점에서 종래의 열람권의 의미는 사실상 '감시'할 권한이다. 이를 통해 개인정보처리자의 개인정보 오남용을 상당 부분 예방 또는 적발하는 효과를 기대할 수 있을 것이나, 이는 사실 수동적·소극적 역할이다. 개인정보 이동권은 개인정보처리자에게 적극적으로 뭔가를 요구하고 이러한 요구가 관철되지 않을 때, 이를 충족시킬 수 있는 새로운 개인정보처리자에게 본인정보를 이전시킬 수 있는 능동적·적극적 권리라는 점에 큰 차별점이 있다.

둘째, 개인정보의 자유로운 이동을 촉진하기 위해서이다. 대부분의 개인정보처리자는 자신이 보유한 고객의 개인정보를 제3자에게 제공하는 것을 꺼린다. 고객의 개인정보가 중요한 재산적 의미를 가질수록 이런 경향은 심화될 것이다. 이러한 데이터의 고립화 현상은 데이터의 잠재성을 제한하며, 개인정보주체가 본인정보의 이용을 통해 누릴 수 있는 효용 및 데이터 산업의 발전과 혁신을 저해할 우려가 있다.

셋째, 앞서 두 가지 이유에서 파생되는 이유로서, 개인정보주체에 의하여 개인정보가 원활하게 이동됨에 따라 개인정보를 받고자 하는 자로 하여금 더 나은 서비스를 제공하게 될 유인을 제공하고, 데이터의 독점을 막아서 데이터를 이용한 서비스를 제공하는 자들 사이의 경쟁을 촉진하기 위해서이다. 이는 거대기업과 중소기업 사이에 데이터 보

유 그 자체로 인하여 발생하는 근원적인 불공정을 타개할 수 있는 효과적인 방안으로 기대되고 있다.[51]

　우리나라의 경우 개인정보 이동권은 「신용정보법」에서 먼저 구현되었다.[52] 금융위원회는 개인정보 이동권 도입의 근거로서 앞 문단에서 본 GDPR의 개인정보 이동권 도입 취지와 동일한 취지를 설명하였지만[53], 실제로는 개인정보 이동권이 본인신용정보관리업(즉, 마이데이터)을 구현할 수 있는 기반이 된다는 점이 더 실질적인 이유가 아니었나라는 생각이 든다.[54] 즉, 금융위원회의 입장에서는 개인정보의 자기결정권 강화나 거대기업의 데이터 집중 현상을 타개할 현실적 도구는 추상적인 개인정보 이동권이라기보다는 눈에 보이는 마이데이터라고 본 것으로 생각된다. 이러한 금융위원회의 판단은 매우 현실적이어서 나름 설득력이 있다.

　현재 논의되고 있는 「개인정보 보호법」상 개인정보 이동권 도입도 개인정보 마이데이터와 함께 논의되고 있는 것이 사실이고, 이미 금융마이데이터 네트워크를 통해서 개인정보 이동권을 경험한 국민의 입장에

---

51) 이를 (1) 개인정보처리로 발생하는 부와 가치를 정보주체에게 이전하기 위해, (2) 서비스제공자 간 경쟁을 촉진하기 위해, (3) 서비스 제공자와 개인의 기울어진 관계를 재조정하기 위해, (4) 디지털 단일 시장의 맥락에서 EU의 우위를 회복하기 위해서로 요약하시는 분도 있는데, 결국 같은 내용으로 이해된다. 이진규, "개인정보 이동권의 취지를 다시 살펴보다", 2020 KISA Report Vol 9. (한국인터넷진흥원, 2020).

52) 신용정보법 및 이하에서 언급할 「개인정보 보호법」에서는 "개인정보 전송요구권"이라는 이름으로 도입되었으나, 이 글의 목적상 개인정보 이동권으로 부르기로 한다.

53) 금융위원회 보도자료, "금융분야 데이터활용 및 정보보호 종합방안" (2018. 3.) 제23면 참조 http://www.fsc.go.kr:8300/v/pYJUoTxIKij

54) 이 점은 후속 보도자료를 보면 더 분명하다. 금융위원회 보도자료, "금융분야 마이데이터 산업 도입방안" (2018.7) 제16면 참조 http://www.fsc.go.kr:8300/v/p0kUXIXhJid

서도 마이데이터와 개인정보 이동권을 현실에서 구별하기 어려울 가능성이 있다.[55]

결론적으로, 우리나라에서 개인정보 이동권이 특별하게 활발히 논의되는 배경에는 정부가 강력히 추진하고 있는 분야별 마이데이터 프로젝트와 상당한 관련이 있음을 부인할 수 없다.

그러나 우리나라 외에서는 개인정보 이동권과 마이데이터를 같은 선상에서 논의하는 경우는 오히려 드문 것으로 보인다.[56] 따라서, 이 글에서도 마이데이터에 관한 논의를 배제하고 개인정보 이동권에만 집중하여, 개인정보 이동권이 해외에서 어떻게 법제화되었고 이것이 우리나라의 개인정보 이동권 법제화에 어떻게 영향을 주었는지 또는 시사하는 바가 있는지에 관하여 논의하여 보기로 한다.

해외의 개인정보 이동권 법제화

GDPR의 영향을 받은 영국과 EU 제국가들을 제외하면 해외에서 개인정보 이동권이 도입된 사례는 많지 않으며, 예를 들어 가까운 나라 일본도 아직 개인정보 이동권을 도입하지 않았다. 따라서, 우리가 주로 입법례를 참조하는 국가군에서는 미국과 싱가포르 정도에서만 그 선례

---

55) 사실 정부도 정보이동권과 마이데이터를 명확히 구별하지 않는 것으로 보인다. 행정안전부에서 발표한 공공마이데이터는 행정정보에 관한 정보이동권을 말하는 것인데, 이를 마이데이터로 부르고 있다. 행정안전부 보도자료, "공공마이데이터서비스 시작으로 디지털 정부 또 한번 혁신" (2021. 2. 25) 참조

56) 실제 영국의 MiData나 미국의 Smart Disclosure는 개인정보 이동권과 무관하게 도입되었고, 일본에는 아예 개인정보 이동권이 도입되지 않았음에도 정보은행과 같은 마이데이터 유사 제도가 도입되었다.

가 발견된다. 일단, 이번 장에서는 EU, 미국, 싱가포르의 법률에 포함된 개인정보 이동권 관련 조항을 소개하고, 그 의미는 다음 장에서 각국가의 법률을 비교함으로써 알 수 있는 개인정보 이동권 법제화의 요소에 대하여 검토한다.

(1) EU의 GDPR

GDPR은 세계 최초로 개인정보 이동권을 법제화한 나라로서 이후 세계 각국의 동일 또는 유사한 권리 도입의 모범이 되었고 앞으로도 그러할 것이다. 따라서, GDPR상의 개인정보 이동권의 내용을 검토하지 않을 수 없다.

Article 20(1)에서는 다음과 같이 규정한다.

"개인정보주체는 해당 개인정보를 처리한 개인정보처리자(data controller)에게 제공한 본인에 관련된 개인정보를 체계적이고, 통상적으로 사용되며 기계 판독이 가능한 형식으로(a structured, commonly used and machine-readable format) 수령할 권리가 있으며, 개인정보를 제공받은 개인정보처리자로부터 방해받지 않고 다른 개인정보처리자에게 해당 개인정보를 이전할 권리를 가진다. 단, 이러한 권리는 해당 개인정보가 관련 개인정보주체(data subject)의 동의(민감정보 처리에 관한 동의 포함)에 근거하여 또는 관련 개인정보주체와의 계약의 이행(계약체결 전 그 개인정보주체가 요청한 조치를 취하는 것 포함)을 위하여 자동화된 수단으로 처리된 경우에 한한다."

이에 더하여 Article 20(2) 내지 Article 20(4)에서 다음과 같은 특칙을

마이데이터의 시대가 온다

더 하고 있다.

첫째, 기술적으로 가능한 경우에는, 개인정보주체가 해당 개인정보를 한 개인정보처리자로부터 다른 개인정보처리자로 직접 이전할 권리를 가진다.

둘째, 개인정보 이동권은 Article 17의 삭제권(right to erase) 또는 잊힐 권리(right to be forgotten)를 침해해서는 안 되며, 공공적 이익을 위하여 수행되는 개인정보처리 또는 개인정보처리자의 공적 권한의 행사를 위한 개인정보처리에는 적용되지 않는다.

셋째, 개인정보 이동권은 다른 개인의 권리와 자유를 침해해서는 안 된다.

개인정보이동권의 구체적인 실현에 관한 내용은 Article 12(1) 내지 Article 12(5)에 들어 있다. 해당 조문의 내용에 Article 20에서 규정하는 개인정보 이동권의 내용을 대입하여 풀어보면 다음과 같다.

가 Article 12(1): 개인정보처리자는 정확하고, 투명하며, 이해하기 쉬운 형식으로 명확하고 평이한 언어를 사용하여 개인정보주체에게 개인정보를 제공하기 위한 적절한 조치를 취해야 하고, 특히 아동을 특정 대상으로 할 때 더욱 그러해야 한다. 해당 개인정보는 서면이나 적절한 경우, 전자수단 등 기타 수단을 이용하여 제공되어야 한다.

나. Article 12(2): 개인정보처리자는 개인정보주체의 개인정보 이동권 행사에 따른 요구를 거절해서는 안 된다. 단, 개인정보주체를 식별할 수 없음을 입증할 수 있다면 예외이다.

다. Article 12(3): 개인정보처리자는 개인정보 이동요청을 접수한 후, 한 달 이내에 부당한 지체 없이 개인정보를 개인정보주체에게 제공해야 한다. 해당 요청의 복잡성과 요청 횟수를 참작하여 필요한 경우 해당 기간을 2개월 간 더 연장할 수 있다. 개인정보처리자는 요청 접수후 한 달 이내에 개인정보주체에게 기간 연장 및 지연 사유에 대해 고지하여야 한다. 개인정보주체가 전자적 양식의 수단으로 요청을 하는 경우, 개인정보주체로부터 별도의 요청이 있지 않는 한, 해당 정보는 가능한 전자적 양식으로 제공되어야 한다.

라. Article 12(4): 개인정보처리자가 개인정보주체의 개인정보 이동요청에 대해 조치를 취하지 않는 경우, 개인정보주체에게 지체 없이 통지해야 하고 그 요청의 접수 후 최대 한 달 이내에 조치를 취하지 않은 사유 및 감독기관에 민원을 제기하고 사법 구제를 받을 수 있는 가능성에 대해 개인정보주체에게 고지해야 한다.

마. Article 12(5): 개인정보 이동권 행사에 따른 조치는 무상으로 제공되어야 한다. 단, 개인정보주체의 요청이 명백하게 근거가 없거나 과도한 경우, 특히 요청이 반복될 경우, 개인정보주체는 관련 조치를 취하는 데 소요되는 행정적 비용을 참작하여 합리적인 비용을 부과하거나, 해당 요청에 대한 응대를 거부할 수 있다. 이때 개인정보처리자는 해당 요청이 명백하게 근거가 없거나 과도하다는 사실을 입증할 책임이 있다.

마이데이터의 시대가 온다

(2) 미국 캘리포니아주의 CPRA

주지하는 바와 같이 미국의 경우 연방차원에서는 개인정보에 관한 일반법이 없다.[57] 대신 주(州) 단위에서는 개인정보보호에 관한 일반 법령을 제정하고자 하는 움직임이 활발한데, 미국 캘리포니아주가 최초로 2018.6.에 「캘리포니아 소비자 개인정보 보호법(California Consumer Privacy Act, 이하 "CCPA")」를 제정하였고 현재 시행중이다. 그런데, 이후 2020년 11월 CCPA를 바탕으로 소비자의 개인정보 권리를 확대한 「캘리포니아 개인정보보호권리법(California Privacy Rights Act of 2020, "CPRA")」을 제정하여 2023년부터 시행할 예정이다. 따라서 이하에서는 시행 예정인 CPRA를 기준으로 검토하기로 한다.

CPRA는 「캘리포니아주 민사법전(California Civil Code, 이하 "CCC")」를 수정하는 형식으로 제정되었고, CPRA Section 12는 CCC Section 1798.130을 수정하고 있다. 참고로, CPRA의 개인정보 이동권은 기본적으로는 개인정보주체 본인에게 본인정보를 제공할 것을 요구하는 권리로 구성되어 있으며, 개인정보주체가 특별히 제3자에게 정보를 제공할 것을 요구하는 경우 이를 수용하는 형식으로 구성되어 있다.

---

57) 단, 보건의료분야에 있어서 개인정보 보호법인 Health Insurance Portability and Accountability Act (HIPAA)와 Health Information Technology for Economic and Clinical Health Act (HITECH Act)에도 개인정보 이동권을 인정하는 조항이 있다. 상세한 내용은 고수윤 외 2인, "데이터이동권 도입을 위한 비교법적 연구" 과학기술법연구 제26집 제2호 (한남대학교 과학기술법연구원, 2020. 6.) 제29면 이하 참조

가. Section 1798.130(a)(1)**:** 기업(business)은 개인정보 이동권 행사를 포함한 소비자의 요구를 접수할 수단을 제공할 것을 요구하며, 특히 Website가 있는 기업은 그러한 website를 통해 소비자가 요구사항을 전달할 수 있게 하여야 한다.

나. Section 1798.130(a)(2)**:** 기업은 소비자의 개인정보 제공 요청을 접수한 날로부터 45일 이내에 소비자의 요청사항에 따라 소비자에게 필요한 개인정보를 무상으로 제공하여야 한다. 이 기한은 1회 연기할 수 있으나, 만약에 연기할 경우에는 최초 45일 기간 이내에 연기 사실을 소비자에게 통지하여야 한다. 요청받은 개인정보는 서면 형태로 제공해야 하며, 소비자가 기업의 계정(account)을 보유하고 있으면 해당 계정으로 전송될 수 있고, 그러한 계정이 없다면 소비자가 해당 개인정보를 어려움 없이 받을 수 있도록 우편이나 다른 전자적 방식으로 전달하여야 한다. 이때 요구받은 개인정보의 특성을 고려하여 기업은 합리적인 소비자 인증을 요구할 수 있다. 제공을 요구받은 정보는 기업이 소비자의 요청을 접수한 날을 기준으로 이전 12개월 동안의 내용이어야 한다. 2022. 1. 1. 이후에 수집한 개인정보에 대하여는, 소비자는 12개월 이전의 정보도 요구할 수 있는 권리를 갖는다. 그러나, 기업은 법무부장관이 CCC Section 1798.185 (a)(9)에 의거 공포한 기준에 따라, 검증 가능한 소비자 요청에 대응하여 12개월 이전의 정보를 제공하는 행위가 불가능하다거나 불합리한 노력을 요할 수 있다는 점을 입증하여 그러한 요구를 거부할 수 있다.

다. Section 1798.130 (a)(3): 소비자의 개인정보 제공요청을 접수한 기업은 직접 수집하였거나 서비스 제공자나 계약자를 통해 간접적으로 수집한 소비자의 개인정보를 제공해야 한다. 서비스 제공자나 계약자는 기업의 서비스 제공자나 계약자의 자격으로 소비자의 개인정보를 수집하였다면 이러한 소비자의 요청에 응할 필요가 없지만, 기업이 소비자의 요청에 대응할 때 필요한 지원을 제공해야 한다. 기업은 소비자가 제공한 정보와 기업이 보유한 소비자의 개인정보를 대조하여 소비자를 확인(identify)하고, 이후 해당기간 동안 해당 소비자에 관해 수집된 개인정보의 범주(category), 그 정보의 출처의 범주, 그 정보의 수집·이용의 목적, 그 정보를 공유하는 제3자의 범주 등을 확인한 후에, 소비자에게서 획득한 개인정보의 특정 부분을 평균적인 소비자가 쉽게 이해할 수 있는 형태로, 기술적으로 가능하다면 체계적이고, 널리 사용되고 기계 판독이 가능하며 (소비자 측의 요청에 따라) 특별한 어려움 없이 전송할 수 있는 형태로 제공해야 한다. 참고로, 규정에 따라 보안 및 무결성을 보장하는 데 도움을 주기 위해 생성한 데이터는 '개인정보의 특정 부분'에 속하지 아니하며, 서비스를 전환(switching services)하는 중에 소비자가 그의 개인정보를 다른 기업으로 이전할 것을 기업에 요청하였다면 그렇게 이전된 개인정보는 기업이 제공한 것으로 간주되지 않는다.

라. Section 1798.130 (b)항: 기업은 소비자가 요구하는 개인정보를 12개월의 기간 중에 동일한 소비자에게 2회를 초과하여 제공할 의무를 지지 않는다.

(3) 싱가포르의 PDPA

싱가포르는 2012. 10.에 「Personal Data Protection Act」를 제정하여 시행하였고, 2020. 10. 5. 동법을 전면 개정하여 개인정보주체의 권리 신장에 관한 조항을 추가하였다. 개정법인 「Personal Data Protection (Amendment) Act of 2020 (이하 "PDPA")」 제14조는 Part VI B를 신설하고 그 중 PDPA Section 26H에서 개인정보이동권을 도입하였다. PDPA 2021. 2. 1.부터 순차 시행되고 있는데, 개인정보 이동권 관련 조항은 아직 시행되지는 않은 상태이다.

Section 26F에 의하면 개인정보 이동권은 제공기관(porting organization) 이 개인정보 전송요청(data porting request)을 수령한 날에 전자적 형태로 되어 있는 개인정보로서, 그 제공기관이 개인정보 이동요청을 수령한 날 이전에 규정된(prescribed)[58] 기간 내에 제공기관이 수집했거나 생성한 정보에만 적용된다.

Section 26H에 의하면 개인은 제공기관에게 본인정보를 수령기관 (receiving organization)에 개인정보 전송해 줄 것을 요청할 수 있고, 제공 기관은 그 개인정보 전송요청에 명시된 해당 개인정보를 규정된 요건 에 따라 수령기관에 전송해야 한다. 단, 제공기관은 해당 개인정보 전 송요청이 규정된 요건을 충족하고, 개인정보 전송요청을 받을 당시에 그 개인과 제공기관이 계속적 관계를 맺고 있을 경우에만 해당 개인정 보 전송요청을 수용할 의무가 있다. 또한 제공기관은 전송을 요청받은 개인정보가 PDPA 부속서(Schedule) 12 Part 1에서 명시한 제외개인정보

---

58) 아직 규정이 발표되기 전이다. 이하 "규정된(prescribed)"라는 표현은 모두 아직 공포되지 아니한 하위규정에 규정된다는 것을 의미한다.

(excluded applicable data)에 해당하거나, 개인정보 전송요청이 Schedule 12 Part 2에 명시된 제외상황(excluded circumstances)에 해당하는 경우에도 해당 요청을 수용할 의무가 없다.

한편, 제공기관은 다음의 경우 개인정보를 전송해서는 안 된다.

첫째, 해당 개인정보의 전송으로 인하여 제3자의 안전 또는 건강에 위협이 초래되거나, 해당 개인정보에 관련된 개인의 안전 또는 건강에 급박하거나 중대한 위해가 초래되거나, 국익에 반하는 상황이 초래될 것으로 합리적으로 예상되는 경우.

둘째, 수령기관이 제외수령기관(excluded receiving organization)으로 규정된 기관의 등급이거나 그에 속하는 경우.

셋째, 개인정보보호위원회(PDPC)가 해당 개인정보를 전송하지 말 것을 제공기관에 지시한 경우.

어떠한 사유로든 제공기관이 개인정보를 전송하지 않은 경우, 제공기관은 규정된 시간 내에 규정된 요건에 따라 그러한 전송 거부 사실을 개인정보주체에게 통지해야 한다.

Section 26I는 위 Section 26H에 따라 어느 개인(P)에 대한 개인정보 전송요청을 실행하는 것이 수령기관에 또 다른 개인(T)에 대한 개인정보를 전송하게 되는 경우에 적용되는 특칙을 정하고 있다. 이에 따르면 제공기관은 개인정보 전송요청이 P의 개인적 또는 가정 내 지위(personal or domestic capacity)에서 이루어진 경우로서 P의 이용자 활동데이터(user activity data)나 이용자 제공데이터(user-provided data)와 관련된 경우에만 T의 동의 없이 T에 대한 개인정보를 수령기관에 제공할 수 있다. 또한, T에 대한 개인정보를 수령하는 수령기관은 P에게 상품이나 서비스를 제공할 목적으로만 해당 개인정보를 이용해야 한다. 이 특칙을 준수하면 제공기관이 수령기관에게 T에 대한 개인정보를 공개했다는 이유만으로 부담할 수 있는 법령, 계약, 직업윤리상의 책임을 면한다.

개인정보 이동권 법제화의 요소

(아직 다수의 입법례가 있는 것은 아니지만) 이러한 외국의 사례와 그리고 개인정보주체의 입장에서 본인정보를 이동하려 할 때 의당 필요할 것이라 생각되는 내용을 논리적으로 고려해 보면, 개인정보 이동권을 법제화하기 위하여 필요한 고려요소를 추단할 수 있다. 나아가, 우리나라가 이미 「신용정보법」에 도입된 개인정보 이동권[59]이 적절하게 입법되어 있는지, 앞으로 입법될 「개인정보 보호법」상의 개인정보 이동권이 고려해야 할 사항이 무엇인지도 추단해 볼 수 있다. 이하에서는 이러한 요소를 검토해 보기로 한다.

(1) 정보제공자와 정보수령자의 범위

가장 먼저 고려해야 할 것은 모든 개인정보주체에게 개인정보 이동권을 인정할 것인가의 문제이겠지만, 특정 부류의 개인정보주체에게 개인정보 이동권을 인정하지 않는 것은 상상하기 어렵다. 개인정보 이동권을 개인정보 자기결정권의 발현이라고 한다면 이는 성격상 보편적인 권리가 되어야 할 것이기 때문이다. 따라서, 개인정보주체의 개인정보 이

---

59) 신용정보법은 개인정보이동권을 "개인정보 전송요구권"이라 정의하고 있지만, 이 글에서는 개인정보 이동권이라는 용어를 사용하겠다.

마이데이터의 시대가 온다

동권의 행사대상이 되는 정보제공자와 정보수령자를 어떻게 정해야 하는가의 문제가 첫 번째 고려사항이 되어야 한다.

개인정보 이동권은 정보제공자와 정보수령자의 권리를 침해하거나 최소한 귀찮게라도 한다. 왜 개인정보처리자는 개인정보 이동권에 복속해야 하는가의 문제는 근본적인 문제라 이 글에서 깊이 다루기는 부적절하지만, 적어도 "개인정보처리자가 보유한 개인정보는 해당 개인정보주체의 정보이기 때문에"와 같은 단순한 답은 아니다. 아직 개인정보의 소유권(data ownership)에 대한 논의는 진행 중이며 우리나라에서 법적으로 인정받는 권리가 아니다. 나아가, 개인정보 이동권의 대상인 개인정보는 개인정보주체가 개인정보처리자에게 은혜적으로 제공한 것이 아니며 대개의 경우에는 개인정보처리자가 제공하는 편익에 대한 대가관계로 제공된 것이다. 따라서, 사견으로는 개인정보 이동권을 개인정보주체의 당연한 기본권으로 정보제공자와 정보수령자에 강제하는 것보다는, 개인정보주체와 정보제공자 및 정보수령자와의 계약관계에서 인정되는 권리로 유도하고, 정부는 해당 계약내용을 통제하는 것이 바람직하다고 생각한다.

그럼에도 불구하고, 서론에서 살펴보았듯이 개인정보 이동권의 도입에 의하여 기대되는 공공의 이익이 있기 때문에 일정한 범주의 정보제공자에게 개인정보 이동권에 복속할 것을 강제할 수 있는 근거는 존재할 것이라 생각한다. 예를 들어, 「신용정보법」은 '신용정보제공이용자등60)'이라는 범주, CPRA는 기업(Business)이라는 범주, PDPA는 이전기관

---

60) 신용정보법 제22조의9 제3항 제1호

(Porting Organization)[61]이라는 범주를 정의하여 정보제공자의 범주를 정의하고 있다. GDPR의 경우 제공기관을 따로 제한하고 있지 아니한 것은 특이한데, 이는 EU 국가들에 일괄 적용되어야 하는 GDPR의 특성상 제공기관의 한정을 각국의 정부에 맡긴 것으로 이해할 수 있다.[62]

살펴건대, 개인정보 이동권이 갖는 공공 또는 개인적인 효익과 정보제공자가 감수해야 하는 비용과 노력을 견주어 볼 때 모든 정보제공자에게 개인정보 이동권을 행사하게 하는 것은 곤란하며, 정보제공자의 범주를 어떤 방식으로든 제한할 필요가 있다. 먼저 본인에게 본인정보를 전송해 줄 것을 요구하는 형식의 개인정보 이동권(이하 "다운로드권")과 본인정보를 제3자에게 전송할 것을 요구하는 형식의 개인정보 이동권을 분리하여, 정보제공자의 범위를 달리 결정할 것인가가 문제가 된다. 다운로드권은 열람권에 가까운 성격이 있으면서 동시에 정보수령자와 정보이동에 관한 협의를 요구하지 않기 때문에 더 본질적이고 간편한 권리로 보이므로 더 넓은 범위의 정보제공자에게 인정되어야 한다는 논리가 성립할 수 있고, 필자가 보기에도 이런 논리에는 결함이 없어 보인다.

---

61) PDPA Section 26F(1) 참조. 단, 어떻게 범주를 제한할 지 여부는 하위규정으로 정할 것으로 보인다.

62) GDPR 전문(Recital) 73에 의하면 개인정보보이동권은 회원국의 법률에 따라 공익적 이유로 제한될 수 있고 정보주체나 제3자의 권리보호를 위해 비례적인 수준에서만 허용될 수 있다. 실제 영국의 Enterprise and Regulatory Reform Act 제89(2)조나 프랑스의 la Loi pour une Republique numerique 제48조에서 일정한 범주의 자에 대하여만 개인정보이동권이 적용됨을 전제로 규정하고 있다. 고수윤 외1인, 앞의 글, 제23면 및

또한, 정보제공자의 자격을 기준으로 정보제공자의 범위를 설정하는 경우, 그 자격 기준을 어디에 둘 것인가도 고민스러운 요소이다. 자격 기준으로는 먼저 기준의 변동이 없거나 드물게 나타나는 고정적 기준(개인정보처리자의 업종, 인가 여부 등)과 쉽게 변동되는 변동적 기준(매출액, 고객수 등)이 있을 수 있다. 여기에, 개인정보를 전자적 방식으로 처리하는 자인지 여부와 본인과 지속적 거래관계가 있는지 여부가 부가적인 판단의 기준이 될 수 있겠다. 「신용정보법」은 고정기준으로 '신용정보제공이용자등'을 정의하였고, CPRA는 연간 총매출 2,500만 달러, 소비자수 10만 명, 연간 수익의 50% 이상을 소비자의 개인정보 판매와 공유에서 얻는지 여부를 기준으로 판단하므로 후자의 사례이다.[63] 법적 안정성을 위해서는 전자가 바람직하지만, 구체적 타당성을 위해서는 후자가 바람직하므로 결국 양자는 혼용될 필요가 있다.

정보제공자와는 달리 정보수령자의 범주는 제한하지 않는 입법이 많다. 단, PDPA의 수령기관은 자국 거주자로 제한되어 있지만[64] 왜 그래야 하는지는 의문이다. 「신용정보법」상 정보수령자도 제한이 되어 있지만[65] 이는 「신용정보법」 자체가 일반법이 아니기 때문에 발생하는 문제라고 보인다.

---

63) CPRA Article 14, CCC Section 178.140(d) 참조

64) PDPA Section 26F (1)항 참조.

65) 신용정보법 제33조의2 제1항 참조

(2) 개인정보 이동권의 대상인 개인정보의 범위

가. 개인정보의 범위의 결정 기준

국내외의 개인정보 이동권을 규정한 모든 법제는 개인정보 이동권의 대상인 개인정보의 범주를 제한하고 있으며, 앞으로 입법되는 법률도 그러할 것이다. 단순히 개인정보처리자가 관리하는 모든 개인정보를 대상으로 하는 것은 불합리하고, 가능하지도 않을 것이기 때문이다. GDPR의 경우 ⑴ 개인정보주체로부터 제공받은 정보 또는 해당 개인정보주체와의 계약의 이행을 위하여 입수한 정보일 것과 ⑵ 자동화된 수단으로 처리한 정보일 것의 2가지 기본적 요건을 제시하고 있으며, PDPA도 마찬가지이다. 이 두 가지 요건의 정신은 거의 그대로 「신용정보법」 제33조의2 제2항에 반영되어 있으며 다음에서 살피듯이 타당한 요건으로 보인다.

첫째, 개인정보주체의 기여 없이 개인정보처리자가 취득하거나 생성한 개인정보의 이동을 요구하는 것은 개인정보처리자에 대한 과도한 재산권의 침해로 보인다.[66] GDPR의 경우 개인정보주체가 제공한 개인정보 및 개인정보주체의 행동을 관찰한 사실에 관한 정보에 대하여만 개인정보 이동권의 적용을 인정한다.[67] PDPA에서도 제공기관이 개인

---

[66] 이성엽, "개인정보의 개념의 차등화와 개인정보이동권의 대상에 관한 연구", 경제규제와 법 제12원 제2호 (2019.11), 제201면 참조. 이들에서는 개인정보의 유형별로 개인정보 이동권의 대상이 될 수 있는 정보의 유형에 관한 상세한 분석도 들어 있다.

[67] Article 29 Data Protection Working Party, "Guideline on the right to data portability" (2017. 4.) 제9면 참조.(https://ec.europa.eu/newsroom/article29/items/611233 (2022.1. 2. 검색))

정보 이동권을 행사한 날 이전에 규정된 기간 내에 제공기관이 수집하거나 생성한 정보에 대하여만 개인정보 이동권의 적용을 인정한다. 단, PDPA는 평가목적만을 위해 보존하는 의견이나 파생된 개인정보 나아가 상업적 기밀에 속하거나 경쟁력에 해가 될 수 있는 개인정보에 대하여도 개인정보 이동권의 행사에 불응할 수 있도록 허용하였는 바, 이는 제공기관이 '생성'한 정보 중 상당 부분의 개인정보에 관하여 개인정보 이동권을 인정하지 않는 결과로 나타날 것으로 보인다.[68] CPRA의 경우 개인정보의 특정 부분(Specific Pieces of Personal Information)에 대하여 개인정보 이동권을 인정하며 이는 기업이 소비자로부터 수집한 정보 중에서 소비자가 개인정보 이동권을 행사한 부분을 의미한다.[69]

둘째, 자동화된 수단으로 처리되지 아니한 개인정보에 대한 개인정보 이동권을 인정하는 것도 불합리하다. 이는 개인정보처리자에게 지나치게 과도한 노력을 요구하는 것이기 때문이다. 앞서 보았듯이 GDPR이나 CPRA에서도 개인정보 이동권에 대응하는 것이 불합리하게 과도한 노력, 비용을 요구하는 경우 이를 배제할 수 있게 하고 있다.

이하에서 설명하듯이 「신용정보법」상의 개인정보 이동권은, 정보제공자와 정보수령자를 API 방식을 통해 연결하는 개인정보 전송네트워크(이하 "개인정보 전송네트워크")를 통해서 구현되었으므로 이러한 네트워크를 통해 주고받는 개인정보의 범주를 다시 세밀한 단계까지 표준화할

---

68) PDPA Schedule 12 Part 1. Section 1
69) CPRA Section 12. CCC Section 1798.130조(a)(3) 참조

필요가 있었다.[70] 이에 비하여 다른 나라의 경우에는 대체로 넓은 범위에서 개인정보 이동권의 대상이 아닌 정보나 개인정보이동권에 불응할 수 있는 상황을 포괄적으로 열거하고 있다. GDPR에서 공공기관이 보유한 정보를 제외한다든지, PDPA에서 기소절차가 완료되지 않는 경우 해당 기소에 관련된 문서의 정보 또는 수사목적으로 이용되는 정보로서 해당 수사절차가 완료되지 않은 경우 등을 개인정보 이동권이 적용되지 않는 경우로 설정한 것이 이에 해당한다.[71]

이에 더하여 시간적 제한도 있는데, CPRA에서는 독특하게 청구일로부터 12개월 이내의 정보만을 요구할 수 있는 것을 원칙으로 삼고 있다. 그리고 PDPA에서도 하위 규정에서 시간적 제한을 둘 것으로 예상된다. 정보제공자의 과도한 부담을 덜어준다는 취지에서는 우리나라 또한 이러한 시간적 제한을 두는 것을 고려해 볼 필요가 있다.

나. 제3자의 개인정보

개인정보 이동권의 대상이 되는 본인정보에 타인의 개인정보가 포함 또는 결합된 경우에는 개인정보 이동권의 행사가 가능한가는 흥미로운 주제이다. 참고로, 개인정보보호위원회는 이른바 "이루다 사건"에 관한 심의의결에서[72] 관련 챗봇을 개발한 스캐터랩에 대하여 「개인정

---

70) 신용정보법 제33조의2 제2항, 동법 시행령 제28조의3 제6항, 신용정보법 제2조 제9호의2, 동법 시행령 제2조 제22항, 제23항, 신용정보업 감독규정 제3조의3 제2항

71) PDPA Schedule 12 Part 1. 제1조 참조

72) 개인정보보호위원회 심의 의결 2021-007-072 (2021. 4. 28.),(https://pipc.go.kr/np/default/agenda.do;jsessionid=F8iW2awATns0TCY5S2D4DzTk.pips_home_jboss11?op=view&mCode=E030010000&page=12&isPre=&mrtlCd=&idxId=2021-0257&schStr=&fromDt=&toDt=&insttDivCdNm=&insttNms=&processCdNm=#LINK (2022. 1. 2. 검색))

마이데이터의 시대가 온다

보 보호법」을 위반하였다는 내용으로 과징금을 부과하면서, 카카오톡 대화가 대화자 쌍방에 관한 개인정보임을 인정하면서도 사실상 카카오톡 대화의 일방당사자의 동의만으로 카카오톡 대화를 수집할 수 있다는 취지의 의결을 하였다. 이 의결을 통해, 대화내용과 같이 타인의 개인정보가 불가피하게 얽혀있는 경우에도 해당 대화내용 전체를 일방에 관한 본인정보로 보고 개인정보 이동권 행사가 가능할 것이라는 점을 추단할 수 있다. 금융위원회에서도 이른바 적요 또는 거래메모 정보에 제3자의 정보(송금인 또는 수취인의 정보)를 제공함에 있어 송금거래 쌍방의 동의를 받을 필요가 없는 것으로 정리하였다.[73]

외국에서는 이 문제를 조금 다른 시각에서 접근하고 있는 것으로 보인다. GDPR 제20조에서는 개인정보 이동권이 "다른 개인의 권리와 자유를 침해해서는 안 된다."라고 규정하고 있으며, 이는 제3자의 개인정보가 포함되어 있는 본인의 개인정보에 대하여 개인정보 이동권의 행사가 제한됨을 뜻한다.[74] 앞서 보았듯이, PDPA에서는 개인정보 전송요청이 개인정보주체의 개인적 또는 가정 내 지위(personal or domestic capacity)에서 이루어진 경우로서 타인의 이용자 활동데이터(user activity data)나 이용자 제공데이터(user-provided data)와 관련된 경우에만 타인의 정보에 관한 정보이동권 행사가 가능하다. 그런데 바꿔 말하면 그 이외의 경우에는 타인의 정보가 포함된 본인의 개인정보에 대하여는 개인정보 이동권이 제한된다고 해석될 수 있다.

---

73) 금융위원회, 한국신용정보원, "금융분야 마이데이터 서비스 가이드라인"(2021. 7) 제149면

74) Article 29 Data Protection Working Party, 앞의 글, 제11면 참조

필자는 근본적으로는 개인정보보호위원회와 금융위원회가 각각 이루다 의결과 적요정보 제공에 있어서, 일방의 동의 또는 개인정보 이동권 행사만으로 제3자의 개인정보가 포함된 본인정보를 이전할 수 있다는 결론에 이른 부분을 납득할 수 있다. 그러나, 왜 이런 결론이 나오는지, 대화내용이나 송금거래내역과 같은 경우 이외에도 같은 논리가 적용될 수 있는지 등의 문제에 관한 근거를 도출했어야 할 필요성을 느낀다. 실제 우리 법의 해석으로 이런 근거를 도출하기 어렵다면, 이 부분 또한 개인정보 이동권 법제화의 요소로 보고 입법으로 해결하는 것이 바람직해 보인다.

(3) 정보이동권 행사의 형식

각국의 입법이 모두 개인정보 이동권을 행사하는 개인정보주체의 신원을 확인할 것을 명시적 또는 묵시적으로 요구하고 있다.[75] 물론 신원확인의 구체적 방법은 국제적으로 통일될 성질의 것은 아니며, 우리나라에서 발생하는 '통합인증'의 문제는 대단히 우리나라에 고유한 문제로 보인다.[76]

개인정보 이동권을 신청할 때도 전자적 방법에 따라야 하는가의 문제 역시 각국의 입법적 견해가 통일되어 있지 않다. 앞서 살핀 바와 같이 GDPR과 CPRA의 경우 적어도 법문상으로는 분명히 전자적 방법 외의 방법으로 개인정보 이동권을 행사할 수 있음이 전제된 것으로 보

---

75) GDPR Article 12(2), CPRA Section 12 CCC Section 1798.130. (a)(4)
76) 전자신문, "마이데이터 사설인증서 허용 – 정부부처 협의체 만든다" (2021. 5. 16.) https://www.etnews.com/20210514000134?mc=ev_002_00002 (2022. 1. 3. 검색)

마이데이터의 시대가 온다

인다. 「신용정보법」도 제33조의2의 문면상으로는 안전성과 신뢰성이 확보되는 한 반드시 전자적 방법으로 개인정보 이동권을 행사하여야 한다는 제약이 없으며, 금융위원회는 마이데이터 이외의 자에 대한 전송요구에는 실제로 전자적 방법 이외의 방법으로도 개인정보 이동권을 행사할 수 있음을 안내하고 있다.[77]

그러나 현실에서는 대부분 개인정보주체가 개인정보전송 네트워크에 접속하여 전자적으로 개인정보 이동권을 행사하는 방법을 택할 것으로 보인다.

개인정보 이동권의 행사 시에는 그 행사의 대상인 정보를 특정하는 것이 원칙일 것이다. CPRA의 경우 당연히 소비자의 개인정보 이동권 요청대상이 특정됨을 전제하고 있으며(그래서 specific pieces of personal information라는 표현을 쓰고 있음), PDPA에서는 "존재하지 않거나 찾을 수 없거나 사소한 정보"를 개인정보 이동권 행사대상에서 제외함으로써 특정하기 어려운 정보를 배제할 수 있도록 하고 있다.[78] 이에 비하면, 「신용정보법」에서 개인정보 이동권 행사를 위해 구축한 개인정보전송 네트워크는 개인정보주체가 API 환경에서 개인정보의 일정 범주를 선택하여 이동할 수 있는 수단을 구현하고 있다. 그런데 이는 세계 어디에서도 구현하지 못한 획기적이고 효과적인 개인정보 이동권의 행사방법이긴 하지만, API 환경에서 구현할 수 있는 수준의 특정만 가능하다는 단점이 있다.

---

77) 금융위원회, 한국신용정보원, 앞의 글, 제77면 참조
78) PDPA Schedule 12, Part 2, 1(c), 참조

개인정보 이동권의 행사가 개인정보주체의 개인정보 자기결정권의 일환이라면 기본적으로 해당 권리를 행사하는 데 있어서 비용은 없거나, 있더라도 행사를 어렵게 하는 수준이어서는 안 된다. 그러나, 아무리 개인정보 이동권의 행사가 개인정보주체의 기본권이라 하더라도 과도하게 빈번한 개인정보 이동권의 행사는 개인정보 이동권의 행사에 따라야 하는 개인정보처리자에게 부당한 비용과 노력을 발생시킨다. 따라서, 각국의 입법은 공히 "무상을 원칙으로 하되, 일정한 경우는 수익자가 비용을 부담"하는 방법 또는 "무상을 원칙으로 하되, 과도한 비용이 발생할 경우에는 개인정보 이동권 행사를 거부하는 방법" 중 하나의 태도를 취하고 있다. 전자는 우리나라의 「신용정보법」과 GDPR이 취하는 태도이고[79] 후자는 CPRA와 PDPA가 취하는 방법이다.[80] 사견으로는 전자의 방법이 합리적으로 생각된다.

(4) 개인정보 이동의 방법

개인정보 이동권의 행사에 대응하는 정보제공자는 어떤 방식으로 개인정보를 제공해야 하는가? 결과적으로는 정보수령자가 해당 개인정보를 수령하여 용이하게 원래 의도한 방법에 따라 사용할 수 있게 하는 방식이어야 한다. 따라서, 개인정보 이동권의 형식은 원칙적으로 정보제공자와 정보수령자가 합의해서 결정하는 것이 맞다는 생각이다.

---

79) GDRP Article 12(5).

80) CPRA의 경우 12개월에 1회만 행사할 수 있고 (CPRA Section 12, CCC Section 1798.130(b)), PDPA의 경우에는 이전기관에 과도한 부담을 주는 경우에 정보이동권 행사를 제한한다 (PDPA Schedule 12 Part 2. 1(a))

그런데, GDPR의 경우에는 개인정보 이동권의 정의를 "체계적이고, 통상적으로 사용되며, 기계판독이 가능한 형식"으로 정보를 이동할 것을 요구할 것으로 되어 있어서 애당초 서면이나 구두에 의한 제공은 배제하고 있다. PDPA의 경우에는 명시적이진 않지만 전자적 형태로 보유하는 개인정보에 대하여만 개인정보 이동권을 인정하는 점에 비춰볼 때 역시 비슷한 결론에 이를 것으로 예상된다. 반면, CPRA에서는 GDPR과 동일한 표현을 사용하고 있지만 기술적으로 가능한 경우에 한하여(to the extent technically feasible)라는 단서를 붙이고 있고 기술적으로 가능하지 않은 경우에는 그 외의 방법으로도 가능하다는 점을 전제하고 있다. 아무튼, 기계판독이 가능한 방식으로 정보를 전송하고자 한다면, 정보제공자와 정보수령자는 정보제공의 전자적 형식에 대한 합의를 하여야 할 필요가 있고 이는 생각보다 매우 지난한 작업일 수 있다. GDPR의 경우 정보전송의 시한으로서 1개월 내지는 3개월을 규정하고 있고, CPRA가 45일(1회 연장 가능함)을 규정하고 있는 것은 다 이유가 있는 셈이다.

거듭 말하지만 개인정보전송 네트워크를 통해 API 환경에서 개인정보 이동권을 행사하고 개인정보를 전송하는 「신용정보법」의 체계는 매우 다른 나라에서 구현하기 힘들 정도로 잘 발달된 개인정보 이동체계라고 볼 수 있다. 즉, 우리나라에서는 개인정보주체가 다운로드권을 행사하여 정보제공자로부터 본인정보를 직접 다운로드 받고자 하는 경우에는 한국신용정보원에 설치하는 PDS(Personal Data Store)를 통해 본인정보를 전송받고, 제3의 정보수령자에게 정보를 이동하고자 할 경우에는 각 금융업권별로 설치된 거점중계기관을 경유하여 기관 대 기관으로 직접 전송하며 이러한 전송은 실시간으로 이뤄지게 된다.[81] 단, 이러한 개인정보전송 네트워크의 형성에는 상당한 비용과 노력이 들어간 것이고 신규참여자가 이 네트워크에 가입하는 것도 상당한 초기 투자를 필요로 할 것으로 생각되므로, 앞으로 이 개인정보전송 네트워크가 「개인정보 보호법」상의 개인정보 이동권의 구현수단으로 확대되기는 어려울 것이다. 따라서, 다른 나라의 입법례를 참조한 보완적 방법이 고민될 필요는 여전히 존재한다.

(5) 법제화를 위한 다른 고려 요소들

앞서 살핀 내용이 개인정보 이동권의 법제화에 있어서 고려되어야 할 가장 기본적인 요소일 것이다. 다행스럽게도 우리나라는 개인정보 이동권의 법제화에서도 비교적 빠른 진전을 보인 나라이지만 (GDRP, CPRA의 전신인 CCPA에 뒤이어 입법되었다), 그 실행에 있어서는 세계에서 가장 앞선 체계를 갖추고 있다. 물론, 「신용정보법」은 일반적 「개인정보 보호법」은 아니기 때문에 우리나라에서는 부분적인 개인정보 이동권만 도입되었다는 평가도 가능하겠지만, 「신용정보법」이 갖춘 시스템의 유용성은 개인정보 이동권의 조기 정착에 결정적인 역할을 할 수 있을 것으로 기대한다.

이렇듯 우리나라가 개인정보 이동권과 관련하여서는 선진국의 위상을 갖추게 되었지만, 아직은 국민들에게 개인정보 이동권이 소개되는

---

81) 금융위원회, 한국신용정보원, 앞의 글, 제80면 참조

마이데이터의 시대가 온다

수준의 단계이기 때문에 향후 개인정보 이동권이 본격적으로 이용되는 단계에서는 예상치 못한 법률문제들이 발생할 것으로 쉽게 예측해 볼 수 있다. 이러한 법률문제를 고려했을 때 개인정보 이동권의 법제화에서 고민해 봐야 할 내용에는 아래와 같은 것들이 있을 것으로 보인다.

첫째, 정보제공자에게 어떠한 법적 의무를 부여할 것인가의 문제가 있다. 먼저 개인정보 이동권의 행사에도 불구하고 개인정보의 전송이 지연되거나 불가능하다면 그 이유를 통지해야 할 의무를 당연히 예상해 볼 수 있고, 각국의 입법례도 이러한 통지의무를 규정하고 있다.[82] 구체적으로는 개인정보 전송의 지연이나 불능의 귀책사유가 정보제공자에 있는지 또는 정보수령자에 있는지에 관한 책임문제와 연계되어 규정될 필요가 있을 것이다. 나아가, 정보제공자에게 개인정보주체에게 개인정보 이동권의 존재를 알리고, 실제 개인정보가 이동된 경우 개인정보 이동기록을 보존하게 할 것인가의 문제가 있다.[83] 기록의무가 있다면, 당연히 보존해야 할 기록의 내용과 보존기간에 관한 정함도 수반되어야 한다. 정보제공자가 개인정보주체가 지정한 정보수령자가 아닌 제3자에 정보를 전송한 경우에는 일종의 개인정보 유출로 보고 처리하면 될 것이니, 별도의 입법이 필요할 것으로 생각되지는 않는다.

둘째, 정보제공자와 정보수령자의 금지사항을 정하여야 하는 문제가 있다. 개인정보 이동권 행사를 어렵게 하는 제한을 두는 행위, 개인정보 이동권 행사를 부당하게 유도하는 행위, 개인정보 이동권 행사를

---

82) GDPR Article 12(3), CPRA Section 12, CCC Section 1798.130(a)(2)(A)

83) PDPA Section 26J 참조.

철회하였는데 이에 불응하는 행위 등이 그것이다. 이러한 행위들은 개인정보의 자기결정권 행사를 방해 또는 왜곡하는 행위로 볼 수 있다. 특히 우리나라와 같이 매우 간편하고 신속하게 대량의 본인정보를 이동시킬 수 있는 환경에서는, 개인정보 이동권 행사로 인한 정보제공자와 정보수령자의 이해관계가 상반될 여지가 있다. 때문에 이러한 금지사항과 그 위반 시 처벌에 대한 규제는 반드시 필요해 보인다.

셋째, 개인정보 이동권 행사가 건전하고 원활하게 이뤄질 수 있는 생태계 조성에 관한 법조문이 필요하다. 현재 도입되어 실행 중인 「신용정보법」상의 개인정보 이동권은 사실 금융위원회의 관할하의 금융회사들이 한정된 범위의 개인정보인 개인신용정보를 이동시키는 것이다. 때문에, 비교적 단기간에 정보제공자와 정보수령자의 이해관계 조절 및 정보의 표준화 등이 가능하였다. 그러나, 개인정보처리자 전체를 대상으로 모든 개인정보에 적용될 개인정보 이동권은 이렇게 원활하게 개인정보의 전송이 가능한 환경이 구축되기는 쉽지 않을 것이다. 따라서, 일정한 수위의 법적 의무의 부과와 일정한 수준의 인센티브의 부여를 통한 생태계의 인위적 조성이 필요할 것이다. 예를 들어, 정부가 개인정보 전송을 위한 물적 네트워크 형성을 지원한다든지, 정보제공자와 정보수령자 간의 협의체를 구성하고 일정한 경우 이들 간의 협력의무를 강제한다든지, 이러한 개인정보 이동권의 원활한 행사를 지원하는 것을 전문적으로 담당하는 기관이나 산업의 형성을 유도하는 것 등을 생각해 볼 수 있겠다.

마이데이터의 시대가 온다

현실적인 개인정보 이동권의 모색을 구상하며…

　이상과 같이 개인정보 이동권의 법제화를 위한 요소를 검토해 보았다. 이 글은 이미 「신용정보법」상 개인정보 이동권의 구체적 내용이 거의 완결된 시점에서 발표한 내용에 바탕을 둔 것이기 때문에 「신용정보법」의 관점에서는 도움될 만한 내용을 기재하지 못한 것을 유감으로 생각하며, 앞으로 국회에서 통과시킬 「개인정보 보호법」 개정안 및 그 하위규정의 제정에 일부라도 시사하는 바가 있기를 바란다.

　참고로, 국회에 2021.9.28.에 제출된 「개인정보 보호법」 개정안은 제35조의2에서 개인정보 이동권을 도입하고 있다. 동 조문은 앞서 살핀 개인정보 이동권을 법제화하기 위하여 필요한 가장 기본적 요소만을 언급하고 있는 차원이고, 대부분의 상세한 내용을 하위규정에 미루고 있어서 향후 어떠한 내용으로 법제화가 완결될지 매우 궁금한 부분이다. 필자의 개인적인 생각으로는 「개인정보 보호법」상의 개인정보 이동권을 「신용정보법」과 같은 방식으로 구현하는 것은 너무 지난한 일이라 생각된다. 그러므로 개인정보 중 상거래정보에 관하여는 현행 「신용정보법」에 근거하여 개인정보전송 네트워크를 가능한 확장하여 개인정보 이동권을 실현하는 방향으로 나가고, 상거래정보 외의 일반 개인정보(단, 정부가 별도의 차원에서 노력하고 있는 의료정보를 제외한다)는 이 글에서 소개한 GDPR, CPRA, PDPA 등의 외국입법례를 참조하여 무난한 방법으로 개인정보 이동권을 실현하는 것이 현실적인 방법일 것으로 생각한다. 개인적으로는 CPRA 정도의 개인정보 이동권 수준도 나쁘지 않을 것으로 생각하는 바이다. 무엇보다도 다른 나라의 입법 등을 고려해 볼 때 너무 급하게 개인정보 이동권을 도입하기 보단 여러 고려사항들을 신중히 검토하며 안정적으로 정착시킬 필요가 있다.

마이데이터의 시대가 온다

금융플랫폼 규제와 마이데이터

핀크 전재식 CTO

4차 산업혁명, 전 산업분야의 디지털화가 진전됨에 따라 경제 구조가 급격하게 변화되고 있다. 디지털화에 따른 데이터의 급격한 증가는 글로벌화를 가속화시킨다. 이 과정에서 플랫폼들이 디지털화와 글로벌화의 주된 역할을 수행하고 있다.

디지털 플랫폼은 이전보다 자원들을 효율적으로 집중, 배분하고 생산성을 높일 수 있다. 개인들의 일상생활이 플랫폼에 의해 데이터로 집적되고, 집적된 데이터는 분석도구 및 인공지능 기술의 발달로 이전과는 완전히 다른 가치를 지니게 된다. 플랫폼에 의해 궁극적으로 소비자는 더 저렴한 가격으로 높은 품질의 상품과 서비스를 제공받을 수 있게 된다.

반면, 디지털 플랫폼의 발전은 필연적으로 승자독식의 '데이터독점' 위험을 내포하고 있으며, 플랫폼 기업이 축적한 방대한 고객 데이터는 경쟁우위의 원천이자 진입장벽으로 작동할 수 있다. 이러한 이유로 플랫폼의 소비자 후생 효과도 새로운 사업자의 지속적 출현과 공정한 경쟁 환경이 담보될 때 지속성을 가지게 된다.

금융 분야부터 도입되고 있는 마이데이터 제도는 개인정보 수집·활용에 대한 통제권과 결정권을 서비스 제공 기업 중심에서 정보주체 중심으로 전환함으로써 플랫폼의 데이터 독점 문제를 완화하고, 궁극적으로 데이터 산업을 활성화하고 소비자 후생을 강화할 것으로 예상된다.

이 글에서는 전 산업분야에서 데이터 활용도를 높이고, 데이터 경제 활성화를 위한 민관협력이 범국가적 차원에서 추진되고 있는 현시점에 마이데이터의 핵심 전장인 플랫폼 분야의 규제 패러다임 변화에 대해 살펴보고, 마이데이터 및 금융 플랫폼 관련 주요 현안인 데이터 공개 불균형 해소, 금융상품 추천 제한사항에 대해서 다룬다.

플랫폼 규제 패러다임의 변화

플랫폼은 오늘날 빠른 성장세로 가장 강력하게 기존 질서를 파괴한 기업들이 거둔 성공의 토대다. 구글, 아마존, 페이스북 등 검색, 커머스, 소셜 등의 영역에서 거둔 성공은 의료와 교육, 금융, 에너지와 공공분야까지 변화를 가져오기 시작했다.

플랫폼은 기본적으로 다수의 생산자와 소비자를 연결하고 상호작용하면서 가치를 창출하는 생태계로서 참여자가 증가할수록 가치가 증대되는 네트워크 효과, 초기 높은 매몰비용과 낮은 한계비용, 승자독식 구조, 데이터를 통한 가치 창출을 주요 특징으로 한다.

모든 IT기업은 플랫폼을 꿈꾸고, 시장의 승자가 되기 위해 치밀한 전략을 수립·실행한다. 플랫폼 기업은 당장의 수익성보다는 규모를 확대하기 위해 기술, 인력, 인프라 투자에 집중한다. 고객과 트래픽이 우선이고, 수익은 그 다음이다. 트래픽과 데이터를 얻기 위해 낮은 가격 등 소비자 후생을 강화하는 데 초점을 맞춘다.

플랫폼의 문제는 네트워크 효과, 승자독식 구조가 완성된 이후에 찾아온다. 소비자에게 최종적으로 체감되는 가격만 봐서는 플랫폼의 그늘을 쉽게 포착하기 어렵다.

미 연방거래위원회(FTC) 위원장인 리나 칸(Lina M. Khan)이 발표한 〈아마존의 반독점 역설(Amazon's antitrust paradox)〉 논문은 국내·외 규제기관들에 플랫폼 경제 시대의 규제 패러다임 변화에 대한 단초를 제공하고 있다.

리나 칸은 "단기 수익보다는 빠른 성장을 추구하고, 인수합병을 통해 경쟁업체들이 의존할 수밖에 없는 필수 인프라를 통제하는 플랫폼의 경제학을 고려할 때 소비자 후생을 경쟁과 연계시키는 기존의 규제 프레임워크는 플랫폼의 시장지배력 효과를 제대로 포착하지 못하고 있으며, 약탈적 가격책정(predatory pricing) 위험, 별개의 사업부문들을 수직통합(vertical integration)하는 것이 얼마나 반경쟁적인지 과소평가하고 있다."고 주장하고 있다.

따라서 리나 칸은 "소비자 후생 중심의 분석틀을 탈피해서 경쟁 과정과 시장 구조를 보전하는 데 규제의 초점을 맞춰야 한다."고 주장하고 있다. '반경쟁적 이해상충 유발 여부, 다른 사업영역으로 지배력 전이, 사업구조상 약탈적 행위에 대한 유인이 제공되는지 등에 대한 엄격한 감시와 집행이 이루어져야 한다'는 것이다. 또한, 시장 지배력을 지닌 플랫폼에 대해 '전통적인 독점금지와 경쟁정책 원칙을 복원함으로서 지배력을 제한하고, 커먼 캐리어(common carrier) 의무를 적용함으로써 지배력을 규율'하는 2가지 접근방법을 제안하고 있다.

리나 칸의 플랫폼 규제에 대한 주장은 미국뿐 아니라 국내외 많은 국가에 영향을 미치고 있다. 특히 유럽 등 주요 선진국을 필두로 디지털 플랫폼을 규제하기 위한 법안이 다수 발의 또는 제정되고 있고, 국내에서도 관련 법들이 발의된 상태다.

	미국	유럽	한국
규제 현황	• 미하원 반독점소위원회 GAFA독점보고서 발표('20.10) • 미하원 빅테크 반독점 규제 강화관련 법안 다수 발의('21.06) • 바이든 빅테크 겨냥 반독점 규제 강화 행정명령 서명('21.07)	• 디지털시장법(DMA) 유럽의회 통과('21.12) • 디지털 서비스법(DSA) 법안 발표('20.12) • 온라인 플랫폼 공정성, 투명성 규정 제정('20.07)	• 온라인 플랫폼 중개거래의 공정화에 관한 법률안('21.01, 정부발의) • 전자상거래 소비자 보호에 관한 법률 전부개정법률안('21.03, 입법예고) • 온라인 플랫폼 이용자 보호에 관한 법률안('20.12, 국회발의)

〔표 28〕 국내외 플랫폼 규제 추진 현황

유럽의 경우, 「디지털시장법(DMA)」에 연매출 65억 유로, 사용자 4,500만 명 이상 등의 요건을 갖춘 플랫폼을 '게이트키퍼'로 지정하여 자기편익 행위 금지, 선탑재 앱 삭제 허용, 상업적 이용자와 데이터 공유 등 총 18개의 금지·준수의무를 이행하도록 하고, 의무 불이행 시 전 세계 매출액의 10% 내에서 과징금이 부과될 수 있도록 하고 있다.

우리나라의 경우에는 공정거래위원회가 추진하는 「플랫폼 공정화법」

이외에 금융위원회를 소관부처로 하는 「전자금융거래법 개정안[84]」에
'금융 플랫폼'에 대한 정의 및 해당 행위를 명확히 하여 금융 플랫폼을
규율할 근거를 마련하고 있다.

전자금융거래법 일부법률개정안	
정의	이용자 또는 금융회사나 전자금융업자로 이루어진 둘 이상의 집단 사이에 상호작용을 목적으로 금융상품 및 서비스의 제공에 대하여 다음 각 목의 어느 하나에 해당하는 행위를 할 수 있도록 하는 인터넷 페이지[스마트·모바일 기기에서 사용되는 애플리케이션(Application), 그 밖에 이와 비슷한 응용프로그램을 통하여 가상의 공간에 개설하는 장소를 포함한다] 및 이에 준하는 전자적 시스템
행위	가. 금융회사나 전자금융업자와 이용자 사이에 금융상품 및 서비스에 대한 대리, 중개나 주선을 하는 행위 나. 금융회사나 전자금융업자로부터 요청을 받아 이용자에게 금융상품 및 서비스에 대한 홍보나 정보제공 등을 하는 행위 다. 이용자에게 금융상품 및 서비스에 대한 비교분석,추천 등을 하는 행위 라. 가~다목까지와 유사한 행위로서 대통령령으로 정하는 행위

〔표 29〕 금융 플랫폼의 정의 및 주요행위

「전자금융거래법 일부법률개정안」의 경우 플랫폼 규제 대상을 매출
또는 가입자 규모에 따라 차등을 두고 있지는 않지만, 행위중심 규제
와 기관 중심 규제 혼합에 대한 필요성이 감독 당국과 시장에서 제기
된 만큼 기업 규모와 형태에 따른 기관별 차등 규제 도입[85]이 있을 수
있다.

---

84) 의안정보시스템, '전자금융거래법일부법률개정안(김병욱의원등 10인), 2021.11.4
85) 서울경제, '"빅테크-중소 핀테크 달라" '차등 규제' 언급한 고승범', 2021.12.9

전송요구권과 규제격차 해소

데이터 전송요구권은 정보주체의 선택권을 확대하고, 데이터에 대한 독점을 완화하여 기업 간 공정한 경쟁 환경을 조성하기 위하여 유럽의 경우, GDPR 제20조('정보 이동성에 대한 권리(Right to data portability)')에 도입되었고, 국내에서는 「신용정보법」 개정을 통해 '개인신용정보 전송요구권'을 신설하였다.

BIS(Bank for International Settlements) 보고서[86]에 따르면 '데이터 거버넌스 문제는 그동안 금융당국의 정책 범위에 있지 않았다. 그러나 빅테크의 금융영역 진입이 본격화됨에 따라 경쟁당국 및 데이터 거버넌스 주관부처와의 긴밀한 협력이 필요'해지고 있다.

특히 '긴밀한 협력과 조정이 필요한 영역으로는 다음과 같다.

1. 오픈뱅킹 및 데이터 이동성 규칙(openbanking and other data portability rules)
2. 데이터 전송 관련 프로토콜(protocol regarding data transfer)
3. 공공 인프라의 역할(role of public infrastructures)

유럽의 경우, GDPR 개정에 앞서 제2차 지급결제서비스지침(PSD2)에 따라 금융기관은 결제 데이터를 빅테크 플랫폼에 공유를 해야 한다. 하지만 빅테크 플랫폼이 금융기관에 데이터를 제공할 유인은 없었다. 반면, 국내의 경우 오픈뱅킹 도입 시 은행, 증권사만 제공기관으로

---

86) BIS, 'Regulating big techs in finance', 2021.8.2

마이데이터의 시대가 온다

참여하다 오픈뱅킹 고도화 단계에서 상호주의 원칙하에 핀테크 기업도 선불정보 제공기관으로 참여하여 데이터 제공의 형평성 문제를 해소하였다.

	참여기관	이용기관
은행	출금 및 이체, 예금주 조회, 잔액 및 거래내역 등 제공	오픈뱅킹 전체 기능 이용
증권사	출금 및 이체, 예금주 조회, 잔액 및 거래내역 등 제공	
핀테크	선불 잔액 및 거래내역 제공	
카드사	카드결제 청구정보 등 제공	

〔표 30〕 오픈뱅킹 참가기관과 이용기관

금융 마이데이터에서도 핀테크 기업도 선불충전금 정보 등을 제공하기로 하였으나, 그 외에도 빅테크의 주문내역 정보 제공 여부가 쟁점[87]이 되었던 적이 있었다. 주문내역 정보 제공 관련 논란은 단순히 데이터 보유한 회사들의 데이터 공개에 대한 소극성 문제라기보다는 어디까지를 개인신용정보로 볼 것인가에 대한 인식 차이, 정보주체의 사생활이 노출될 수 있다는 우려 측면과 함께 업권별 데이터 공개를 규정하는 소관 법률이 다른데 기인한 측면이 컸다. 결과적으로 관계부처 간, 업권 간 논의 끝에 주문내역 정보는 사생활 노출 우려 등이 최소화될 수 있도록 13개 분류로 범주화하여 제공하는 것으로 우선 조율되었다. 다만, 서비스 안착 이후에는 관계부처 및 업권 간 협의를 통해

---

87) 한국경제, "'핀테크 기업만 특혜' 금융사들 뿔났다', 2020.6.18

소비자 편의와 정보보호를 조화하여 정보 범위를 추가적으로 확대할 필요성도 있다.

	통계청[88]	금융 마이데이터
분류정보	① 가전)컴퓨터 및 주변기기, 가전/전자/통신기기 ② 도서)서적, 사무/문구 ③ 패션)의복, 신발, 가방, 패션용품 및 액세서리, 스포츠/레저용품, 화장품, 아동/유아용품 ④ 식품)음/식료품, 농축수산물 ⑤ 생활)생활용품, 자동차 및 자동차용품, 가구, 애완용품 ⑥ 서비스)여행 및 교통서비스, 문화 및 레저서비스, e쿠폰서비스, 음식서비스, 기타서비스 ⑦ 기타	① 가전/전자 ② 도서/문구 ③ 패션/의류, 스포츠, 화장품, 아동/유아 ④ 식품 ⑤ 생활/가구 ⑥ 여행/교통, 문화/레저, 음식, e쿠폰/기타서비스 ⑦ 기타

〔표 31〕 주문내역 정보

주문내역 정보를 포함한 업권 간 데이터 공개의 불균형 문제는 일반 법으로서 전송요구권이 도입되는 「개인정보 보호법」 개정안이 국회에서 통과되고, 4차산업혁명위원회에서 발표한 '마이데이터 발전 종합 정책'에 따라 분야별 마이데이터가 단계적으로 시행되면 자연스럽게 해소될 것으로 예상된다.

---

88) 통계청, '온라인쇼핑 동향'

마이데이터의 시대가 온다

마이데이터와 금융상품 추천

금융 플랫폼에서 마이데이터가 소비자에게 줄 수 있는 대표적인 효용인 개인 맞춤형 비교 추천이 제대로 작동할 수 있을 것인가 문제에 관심이 높아지고 있다. 이 문제는 금융상품을 중개하고, 광고하는 금융 플랫폼이 준수해야 하는 「금융소비자보호법」과 관련이 있다.

「금융소비자보호법」은 '금융소비자의 권익 증진과 금융상품판매업 및 금융상품자문업의 건전한 시장질서 구축을 위하여 금융상품판매업자 및 금융상품자문업자의 영업에 관한 준수사항과 금융소비자 권익 보호를 위한 금융소비자정책 및 금융분쟁조정절차 등에 관한 사항을 규정함으로써 금융소비자 보호의 실효성을 높이고 국민경제 발전에 이바지함을 목적'[89]으로 제정된 법률이다.

마이데이터를 겸영하는 금융 플랫폼 사업자가 해당 플랫폼에서 금융상품을 광고하거나 맞춤형 추천을 할 때 준수해야 할 사항을 규정한 법이 「금융소비자보호법」이다.

금융 플랫폼에서 「금융소비자보호법」이 이슈가 된 부분은 우선 큰 틀에서 어디까지를 '광고'로 보고, 어디서부터 '중개'로 볼 것인가 하는 문제이다. '중개'와 '광고'의 가장 큰 차이는 '광고'에 대해서는 현행법상 금융 플랫폼의 법적 책임이 모호하고, '중개'에 대해서는 책임이 높다는 점이다.

---

89) 국가법령정보센터, '금융소비자 보호에 관한 법률 제1조'

주요 내용	관련 사례 검토결과
1 금융상품 정보제공	
❶ 첫 화면에서 '결제, 대출, 보험 등'과 함께 '투자'를 제공서비스로 표시 ❷ 펀드 등 상품정보 확인 및 '청약 → 송금 → 계약내역 관리' 가능 ❸ 소비자 시각에서 모든 계약절차가 플랫폼 내에서 이루어지며, 판매업자는 화면 최하단에 가장 작게 표기 ❹ 판매실적에 따라 수수료를 수령	➡ 중개에 해당 • 전반적으로 플랫폼이 판매를 늘리기 위한 서비스를 적극적으로 제공 • 소비자는 금융상품 계약주체를 플랫폼으로 인지할 가능성이 높음
2 금융상품 비교·추천	
• "**1**"의 특징(❶~❹)이 대체로 공통되며 금융상품 비교 · 추천 서비스 제공(예: "A플랫폼이 추천하는 인기보험")	➡ 중개에 해당 • 금융상품 추천은 판매과정 중 하나인 "잠재고객 발굴 및 가입유도"에 해당
3 맞춤형 금융정보 제공	
[보험상담] • 가입자가 보험상담 의뢰 시 보험대리점 소속 설계사를 연결	➡ 플랫폼이 판매업자인지에 따라 달라짐 • (판매업자가 아닌 경우) 자문서비스 • (판매업자인 경우) 중개
[가입 보험상품 분석서비스] • 가입자가 보험상품 정보를 제공하면, 플랫폼과 제휴하는 특정 보험회사에서 그 정보에 대한 분석결과를 제공 • 분석결과에서는 가입자가 보완해야 할 보장사항과 관련 보험상품(분석서비스 제공 보험회사의 상품)을 추천	➡ 중개에 해당 • 분석에 그치지 않고 관련 상품추천 및 가입지원(보험설계 등)도 이루어지는 점을 감안

〔표 32〕 온라인 금융플랫폼 서비스 사례 검토결과

(금융위원회 보도자료, '온라인 금융플랫폼의 건전한 시장질서 확립을 위해 관련 금융소비자보허법 적용사례를 전파했습니다.'2021.9.7)

금융위원회에서 발표한 '온라인 금융플랫폼 서비스 사례 검토 결과'에 따르면, ① 금융상품 정보제공, ② 금융상품 비교 추천, ③ 맞춤형 금융정보 제공으로 나눠서 검토한 각각의 사례 대부분이 '중개'에 해당되는 것으로 판단하였다.

이에 따라 금융 플랫폼 사업자들은 보험, 투자의 일부를 중단하고, 광고 상품의 경우 소비자 오인이 없도록 판매자명과 상품명을 명확하게 표시하도록 조치를 취하였다.

'중개', '광고' 구분 문제와 함께 이슈가 된 것은 각 금융법령상 중개사업자 등록이 가능한가 여부다. 중개가 가능해야 마이데이터 플랫폼에서 맞춤형 비교추천이 원활하게 동작할 수 있다.

대출은 「금융소비자보호법」의 금융상품판매대리·중개업 등록을 통해서 가능하고, 카드는 「여신전문금융업법」에 따라 개별 카드사와 제휴 모집인 계약을 통해 가능하지만, 예금, 투자, 보험은 중개사업자 등록이 불허되거나 제한되어 있다.

상품유형	진입규제 현황	비고
① 예금성	-	현행 금융법령상 등록 불가
② 대출성	금융소비자보호법: 대출모집인 등록	-
	여신전문금융업법: 카드모집인 계약	-
③ 보장성	보험업법: 보험대리점 등록	마이데이터사업자, 전자금융업자 등 보험대리점 등록 제한
④ 투자성	자본시장법: 투자권유대행인 등록	투자권유대행인 등록은 개인만 허용 (법인 불허)

〔표 33〕 금융상품판매대리·중개업자 진입규제 현황

특히, 보장성 상품 중개와 관련 전자금융업자와 마이데이터사업자는 보험대리점 등록이 제한되어 있어 「보험업법」 시행령 개정[90] 이전에는 혁신금융 서비스를 통해서만 보험중개가 가능하다.

현행법상 중개가 불가능 한 부분은 광고형태로 사업을 운영해야 하며, 광고에 대해서는 '금융광고규제 가이드라인'을 통해서 적용대상, 광고주체 및 절차, 광고 내용 및 방법에 대해서 세부적으로 규율을 하고 있다.

중개업자 입장에서는 금융상품 광고의 경우 판매업자로부터 사전 허락을 받아야 하고, 위탁받은 업무의 내용과 위탁기관임을 명시하도록 하되, 이때에도 투자성 상품 광고는 금지된다.

따라서 우선 당장은 마이데이터를 겸영하는 금융 플랫폼에서 개인신용정보 통합조회 이외 맞춤형 비교추천은 상품에 따라, 그리고 해당 마이데이터 사업자가 관련 중개 라이선스를 갖췄는지 여부에 따라 제한적인 형태로 제공이 될 수 있다.

다만, 비대면 디지털화의 변화를 수용하고 선도하는 금융혁신과 핀테크 활성화가 정책의 기본 방향인 만큼, 마이데이터와 「금융소비자보호법」의 관계 및 규제 정비, 다양한 금융상품을 통합 중개할 수 있는 단일 라이선스 체계로의 전환 등이 단계적으로 이행될 것으로 예상된다.

---

90) 금융위원회, '온라인플랫폼의 보험대리점 등록 허용 계획' 기 발표

마이데이터의 시대가 온다

마이데이터, 전 산업 확장을 위한 법제도 고려사항

서울과학기술대학교 김현경 교수

마이데이터 비즈니스의 본질

마이데이터 사업의 본질을 '개인정보 자기결정권의 보장 혹은 강화' 측면에서 도입한다고 본다면, 현재 마이데이터와 관련해서 쟁점이 되는 사항들, 즉 대상 정보의 범위, 사업의 진입 규제, 데이터 처리 과정에서 각종 의무(컴플라이언스 및 보안수준 등) 등에 대한 강력한 규제가 정당화될 수 있으며, 감독기관의 관리 정도도 더 강화될 것이다. 그러나 마이데이터 사업의 본질을 '데이터 신산업 창출'에 둔다면, 마이데이터 사업에 대한 진입 규제를 비롯한 각종 규제는 최대한 완화하고, 업계 자율에 맡기는 것이 기본 방침이 되어야 할 것이다. 양자 모두 중요하므로 이를 조화시키는 합리적 균형점의 모색이 필요하다.

우리나라에서 개인정보 보호의 '바이블'처럼 작용하고 있는 GDPR은 개인정보 이동권(다운로드권, 전송요구권)을 규정하고 있으며, 엄격히 마이데이터 사업에 대하여 규율하고 있는 것은 아니다. 우리나라에서는 '마이데이터 사업'의 근거로 '개인정보 이동권'을, 또 '개인정보 이동권'의 도입근거로 '개인정보 자기결정권 강화'(와 GDPR)를 언급하고 있다. 결국 마이데이터 사업의 정당화 근거를 개인정보자기결정권의 강화에서 구하는 한 마이데이터 사업은 일종의 '개인정보관리전문업' 또는 '특수한 유형의 개인정보처리자'로 '개인정보보호위원회'의 주된 관할 하에 엄격히 운영되어야 할 것이다.

　그러나 마이데이터 사업의 본질은 개인정보 활용을 통한 신사업 모델 및 수익 추구라고 할 수 있다. 다만 더 많은 개인정보를 수집 및 이용하고자 정보주체에게 일부 수익을 환수시키거나, 정보주체의 결정 기능을 강화하는 기능이 부분적으로 정보주체의 권리를 강화시키는 기능과 맞닿아 있다고 볼 수 있다.

　한편 「전자정부법」상 도입된 마이데이터는 공공서비스로서 공익 추구를 본질로 하므로 민간 영역의 마이데이터 비즈니스와는 본질적으로 달리 취급되어야 할 것이다. 즉 공공영역의 마이데이터 추진은 민간에서 추진하는 마이데이터 비즈니스와는 그 규제 및 정책 방향에 있어서 다른 층위에서 다루어져야 한다. 한편 금융은 고도의 신뢰성과 안전성이 요구되는바 민간 영역임에도 불구하고 어느 정도 엄격한 규제가 정당화될 수 있다.

　이처럼 마이데이터사업의 본질을 개인정보를 활용한 데이터사업의 확장 및 이를 통한 수익추구라고 본다면 사업에 대한 규제 수준을 결정할 때에도 이러한 본질이 고려되어야 할 것이다. 마이데이터 사업의 주된 관할, 대상정보의 범위, 정보제공자(개인정보처리자)의 범위, 마이데이터사업의 진입규제, 기술적·관리적 보호조치의 수준 등에 대한 기본 방침이 정해져야 사업의 안정적 추진이 가능할 것이다.

마이데이터의 시대가 온다

마이데이터 사업의 관할

「개인정보 보호법」 개정안[91]은 개인정보 전송요구권을 규정하고 있는 바, 법이 시행된다면 이를 근거로 금융영역 이외의 영역에서도 마이데이터 사업의 물꼬를 텄다고 볼 수 있다. 그러나 「개인정보 보호법」은 개인정보 전송요구권에 대한 원칙적·기본적 사항만 정하고 있으므로, 금융위원회, 보건복지부, 교육부가 각각 자기 영역의 개별법 개정을 통해 마이데이터 사업에 대한 방식 및 근거를 정하고 관할하게 될 수도 있다. 사업자 입장에서는 한 영역의 데이터만 다루지 않으며, 이용자 입장에서도 영역별로 분산된 마이데이터보다는 자신에게 더 유리한 부가가치를 제공하는 데이터를 선호할 것이다. 일례로 건강상태 정보에 가미된 신용평가정보 및 교육수준 정보는 더 저렴한 보험료를 만들어 낼 수 있다. 따라서 관련 규범의 체계적 제·개정, 수범자 혼란 및 규정의 난립 등을 방지하기 위해서는 마이데이터 사업의 주된 관할과 규율 기준을 어느 정도 법령상 명확히 할 필요가 있다.

그 방안으로는 첫째, 특정 부처가 마이데이터 사업을 관할하는 단일 관할체계를 고려해 볼 수 있다. 개인정보보호위원회, 과학기술정보통신부 등이 소관 부처로 거론될 수 있을 것이다. 개인정보보호위원회는 사업 대상정보가 '개인정보'이므로 주된 관할이라고 볼 수 있으나, 개인정보 보호가 주된 역할이므로, 데이터 산업 측면에서의 적극적 추진은 한계가 있을 수 있다. 특히 「개인정보 보호법」을 중심으로 마이데이터

---

91) 의안번호2112723, 정부입법(2021.9.28 제안)

사업의 근거가 되는 사항을 보완할 경우 법의 태생적 성격에 비추어 볼 때 사업의 진흥은 한계를 보일 수밖에 없다. 과학기술정보통신부는 데이터산업의 진흥 측면에서는 주된 관할부처로 제안될 수 있으나 대상정보가 '개인정보'이므로 동전의 양면과 같은 보호 문제를 피할 수 없다. 양 부처가 마이데이터 비즈니스를 공동으로 소관하는 방안도 고려될 수 있다. 다만 혼란방지를 위해 기능과 역할을 직제 등에 명확히 반영할 필요가 있다.

둘째, 영역별 관할 체계를 고려해 볼 수 있다. 개인정보 이동권의 일반적 근거는 「개인정보 보호법」에 두되, 마이데이터 사업은 영역별 특성을 반영하여 소관부처가 관할하는 방안이다. 즉 현재의 금융위원회가 소관하는 모델이라고 볼 수 있다. 이러한 경우 보건 마이데이터 사업에 대하여는 보건복지부가, 교육 마이데이터 사업에 대하여는 교육부가 관할하게 된다. 현재의 상황이라고 볼 수 있다. 그러나 데이터 속성상 전적으로 어느 한 영역의 데이터라고 하기 곤란한 경우가 다반사이므로, 소관 혹은 관할에 대한 사업자 혼란 혹은 정보주체 혼돈에 대한 대책이 병행되어야 할 것이다.

셋째, 원칙적으로 단일 관할로 하되, 매우 예외적인 경우에만 영역별 관할 인정하는 혼합체계도 고려될 수 있다. 이러한 경우 주된 관할기관을 소관으로 "마이데이터산업 진흥 특별법"을 마련하여 원칙과 기준을 정하는 방안도 고려될 수 있다.

마이데이터의 시대가 온다

대상정보

개인정보 전송요구권(이동권)[92]의 대상이 되는 정보는 원칙적으로 정보주체의 동의나 계약에 따라 처리된 개인정보로 제한된다.[93] 마이데이터 비즈니스와 관련하여서는 '개인정보 이동권의 대상정보'와 '마이데이터 사업의 대상정보'가 일치해야 하는가에 대한 문제가 발생한다. 즉 마이데이터 사업이 정보주체의 권리, 즉 개인정보 이동권(개인정보자기결정권의 발현으로서)을 강화하기 위한 제도라면 그 범위는 '개인정보 전송요구권(이동권)'의 대상정보 범위 내여야 논리적일 것이다. 그러나 데이터 산업 관점에서 본다면, 더 부가가치가 높은 정보는 업무처리 과정에서 생성된 개인정보(이하 '2차 정보'라 함)에 해당될 것이므로 이를 완전히 배제하는 것도 바람직하지 않을 수 있다. 절충의 관점에서 원칙적으로 '개인정보 이동권'의 대상정보(정보주체의 동의 또는 계약의 체결 및 이행을 위하여 불가피하게 필요하여 수집된 경우)로 하되, 예외적으로 그 대상정보를 확장할 경우 법률에 특별히 규율하도록 하는 방안이 고려될 수 있다.

그 대표적인 예외가 의료영역이 될 수 있다. 진료정보 등은 정보주체의 개인정보를 기반으로, 의료인의 전문성이 가미되어 생성된 2차 정보에 해당된다. 해당 정보가 정보주체의 권리로서 전송요구권 대상에 해

---

92) 용어선택에 대한 고민도 필요하다. 개인정보 보호법 개정안은 전송요구권이라고 칭하고 있으나 '전송'에 대해 거의 유일하게 개념정의하고 있는 저작권법에 의할 경우 '전송은 유무선통신을 통해 수신자가 원하는 시간과 장소에서 콘텐츠 혹은 대상 정보를 수신할 수 있는 권리를 의미한다(쌍방향성. 수신의 異時性). 인터넷의 쌍방향성이 아닌 일방적 수신방식에 의한 송신은 '전송'에 해당되지 않는다. 이러한 용어정의에 비추어 볼 때 '전송'보다는 오히려 유무선통신을 통해 공중이 수신할 수 있도록 하는 더 넓은 개념인 '송신', 즉 '개인정보 송신요구권'이 더 적절할 수 있다.

93) 개인정보 보호법 개정안 제35조의2

당되는지에 대하여는 논쟁의 여지가 있다. 해당 개인정보에 대한 지배 관리권이 당연히 정보주체에게 있다고 볼 수 있는가, 또한 민간의료기관은 당연히 정보주체의 전송요구에 응해야 하는 의무가 있는가 등이다. 특히 공공의료기관의 경우 공공데이터로 전자정부 차원(공공 대민 서비스 차원에서)에서 취급해야 하는지, 아니면 민간 의료데이터 및 공공의료데이터를 동일하게 취급하여야 하는지의 문제도 발생할 수 있다. 우리나라의 경우 전 국민 의료보험을 채택하고 있으므로 의료정보는 대부분 건강보험공단, 건강보험심사평가원을 통해 공공이 보유하고 있다고 해도 과언이 아니다. 이러한 정보의 전송요구권 실행 및 마이데이터 사업의 범위에 대하여도 제도적 보완이 필요하다.

교육정보 역시 정보주체가 직접 제공한 정보보다는 정보주체와 관련된 업무처리 과정에서 생성된 2차 정보가 중요하다. 학원, 입시정보센터 등 민간이 생성한 정보주체에 대한 각종 진단, 평가정보는 이동권의 대상인가, 사설 민간교육기관(기업)과 정보주체(수강생등) 간의 계약으로 정할 사안인가에 대한 논란이 있을 수 있다. 특히 국공립교육기관이 보유하고 있는 정보도 전송요구권의 대상 또는 마이데이터 사업의 대상인지 불확실하다. 이는 학교가 가지고 있는 데이터를 정보주체의 요구에 의해 민간 교육 마이데이터사업자에게 제공이 가능한지와 연결되므로 이러한 부분에 대한 제도적 검토가 필요하다.

또한 온라인 플랫폼 서비스를 이용하는 과정에서 생성된 이용자 정보의 이동권 문제도 고려될 필요가 있다. 전혜숙 의원이 대표발의한 「온라인 플랫폼 이용자 보호에 관한 법률(안)」에 의하면 이러한 데이터

마이데이터의 시대가 온다

에 대한 전송요구권을 규정하고 있다.[94]

그밖에 금융영역은 일반적인 개인정보 전송요구권의 대상정보와는 다르게 금융거래정보, 국세·지방세납부정보, 보험료 납부정보, 기타 주요거래내역정보 등으로 이미 법률에서 대상정보를 정하고 있다.

정보제공 의무자의 범위

마이데이터 사업으로 인해 개인정보를 보유하고 있는 개인정보처리자들은 '개인정보 제공의무'라는 새로운 의무를 지게 된다. 즉 개인정보 보유자에게 새로운 의무를 부과하므로 새로운 규제의 창설이다. 따라서 기술적·관리적으로 이러한 의무를 이행할 능력이 되지 않는 영세·중소 사업자인 개인정보처리자는 정보제공 의무자의 범위에서 제외할 필요가 있다. 다만 이러한 개인정보 제공의무에서 제외되는 영세·중소 사업자의 범위를 어떻게 설정할 것인가에 대한 합의가 필요하다. 「개인정보 보호법」 개정안은 "매출액, 개인정보의 규모 등을 고려하여 대통령령으로 정하는 개인정보처리자"로 대통령령에 포괄적으로 위임하고 있다. 그러나 그 기준을 대통령령에 포괄 위임하는 것은 바람직하지 않으며, 수범자로 하여금 본인 해당 여부가 예측가능할 정도로 법률에서 기본적 기준을 정하는 것이 바람직하다.

---

94) 온라인 플랫폼 이용자 보호에 관한 법률(안) 제16조(데이터의 전송요구) ① 이용자(제2조제6호의 온라인 플랫폼 이용사업자는 제외한다)는 온라인 플랫폼 사업자에 대하여 온라인 플랫폼 서비스를 이용하는 과정에서 생성된 「지능정보화 기본법」 제2조제4호나목에 따른 데이터 중 대통령령으로 정하는 데이터를 본인 또는 제3자에게 전송하여 줄 것을 요구할 수 있다. ② 제1항에 따라 이용자로부터 정보의 전송요구를 받은 온라인 플랫폼 사업자는 지체없이 컴퓨터 등 정보처리장치로 처리가 가능한 형태로 전송하여야 한다.

한편 개인정보 전송의무를 이행할 기술적 관리적 여건이 되지 않는 정보제공자를 위한 중계사업자 모델이 등장하고 있다. 금융영역에서는 금융결제원 등이 이미 확정되었으며, 보건의료영역에서는 심평원 등이 논의 중이다. 실손보험 관련 9만 6천여 개에 달하는 모든 의료기관이 정보제공의무자가 될 수 있도록 심평원 등 중계기관의 역할을 해야 한다는 것이다. 중계사업자의 필요성은 인정되나 그 로그기록은 또 다른 개인정보의 양산 및 집대화가 문제 될 수 있으므로 이러한 리스크에 대한 방안 모색도 고민되어야 할 것이다.

마이데이터 사업의 진입규제

일반적으로 사업에 대한 진입규제로 '허가', '신고' 등이 거론된다. '허가'는 강학상 특허로서 국가가 소수독점기업의 진입만을 허용하여 시장의 독점을 보장하되 강력한 사전규제가 정당화된다. 그러나 '신고'는 누구나 자유로이 사업에 진입하도록 하는 가장 약한 진입규제로, 산업의 실태 파악을 위해 일정 사항을 신고하게 하며, 통상 자기완결적 신고로서 실질적으로 '신고'가 진입규제로 작용하여서는 안 된다.

통상 공익적 사유가 인정되지 않는 한 민간영역에서 사업의 추진은 진입규제가 없는 것이 원칙이다. 마이데이터 사업의 경우에도 엄격한 진입규제를 도입할 경우 중소사업자는 마이데이터 사업에 진출할 수 없고, 데이터 산업의 부익부·빈익빈이 가중될 우려가 있다. 따라서 중소 데이터 기업의 사업진출 기회 고려할 때 진입규제를 강화하는 것은 바람직하지 않다. 다만 '개인정보'를 주된 영업재산으로 하므로 「개인정보 보호법」상 일반적인 개인정보처리자의 의무에 더하여 특별한 의무의 필요성에 대하여 검토 필요가 있다. 즉 진입규제를 완화하는 대신 행위규칙 마련 등 사후 규제를 엄격히 하는 것이 바람직하다.

그러나 「개인정보 보호법」 개정안은 개인정보 이동권을 통해 개인정보를 제공받는 자만 규정하고 있을 뿐 엄격히 마이데이터 사업의 진입규제를 정하고 있는 것인지는 불확실하다. 다만 개인정보보호위원회 및 관계 중앙행정기관의 장은 정보주체의 권리행사를 효과적으로 지원하고 개인정보를 통합·관리하기 위하여 개인정보관리 전문기관을 지정할 수 있으며, 전문기관 지정 및 취소의 기준·절차, 관리·감독, 수수료 등 필요한 사항은 대통령령으로 정하도록 규정하고 있다[95]. 개인정보관리 전문기관이 개인정보를 통합·관리하는 기능을 가진다는 측면에서 마이데이터 사업을 의미하는 것이라면 진입규제로서 '지정'의 수위가 문제될 수 있다. 여기서 지정이 앞서 언급한 강력한 진입규제로서 허가를 의미하는 것인지, 최소한의 요건을 갖추면 반드시 지정하도록 하는 것인지 불명확하다. 이렇게 볼 때 민간 개인정보관리 전문기관의 업무 수행에 필요한 최소한의 지정 기준이라도 법률에 규정할 필요가 있다.

한편 이미 도입된 금융영역에서는 마이데이터 사업을 본인신용정보관리업으로 규정하고 해당 사업을 추진하기 위해서는 금융위의 허가를 득해야 한다. 영역별 데이터의 특성, 민감성, 해당 영역의 공익성 등

---

95) 개인정보 보호법 일부개정법률안(정부제출안, 2021.9.28.) 제35조의3"

을 고려한 진입 규제 수위에 대한 기준이 필요할 것이다.

  또한 분야별 개인정보관리 전문기관의 지정에 대한 상호인정제 도입의 검토가 필요하다. 교육, 의료 등 영역별로 마이데이터 사업이 진행될 경우 각 중앙행정기관에게 개별적으로 개인정보관리 전문기관으로서 지정을 받아야 한다. 일례로 가장 강력한 진입규 방식을 채택하고 있는 금융 영역에서 허가를 받은 마이데이터 사업자가 보건 의료데이터를 대상으로 마이데이터 사업을 하기 위해서는 보건복지부로부터 개인정보관리 전문기관으로 또다시 지정을 받아야 한다. 이는 복수의 라이센서를 취득하는 과정에서 행정력 낭비, 수범자 불편 등을 초래하게 되므로 영역별 진입 허용 기준에 대한 상호 인정제도 또는 간이 지정제도 등의 도입이 필요하다. 즉「개인정보 보호법」또는 다른 법률에 따라 어느 한 분야의 개인정보관리 전문기관으로 지정된 기관이 다른 분야의 전문기관으로도 인정받고자 할 경우 약식지정 절차를 도입하는 방안 등이 고려될 수 있다. 전송 대상 정보의 종류, 전송기술 등이 분야별로 상이한 점을 고려할 때 상호 인정이 어려울 수도 있으므로 상호인정제 도입 시 부처 간 협의를 통해 대상 분야 특정하는 것도 필요할 것이다.

마이데이터의 시대가 온다

「데이터기본법」상 마이데이터 관련 이슈

고려대학교 이성엽 교수

다양한 비즈니스를 촉발하는 데이터기본법과 마이데이터

4차 산업혁명과 디지털 대전환의 핵심이자 원유라고 불리는 데이터의 중요성이 부각되는 상황에서, 경제·사회 전반에서 데이터가 수집·가공·생산·활용되어 혁신적인 산업과 서비스가 창출되는 데이터 경제의 시대가 도래하고 있다. 이에 따라 세계 각국은 데이터 경제 시대의 주도권을 잡기 위하여 데이터 산업 육성에 총력을 기울이고 있는 상황이다. 한국도 데이터 경제로의 전환에 빠르게 대응하기 위해 디지털 뉴딜 정책을 범국가적 프로젝트로 추진 중에 있으며, 그 대표과제인 '데이터 댐'을 중심으로 데이터를 생산·수집·가공하고 5세대 이동통신 (5G) 및 인공지능(AI)과 융합·활용하는 다양한 정책을 추진하고 있으나, 이를 체계적으로 추진하기 위한 법적 근거가 부족한 상황이다.[96]

이러한 데이터 활용과 관련 법제 정비의 필요성에 대한 논의의 연장선에서 조승래 의원이 「데이터 생산, 거래 및 활용 촉진에 관한 기본법」을 제정하겠다고 밝힌 바, 2020. 11. 25. 법안 초안에 대한 공청회

---

96) 조기열, 「데이터 기본법안 검토보고」, 국회 과학기술정보통신위원회, 2021.2, 1쪽. 본고는 이성엽, "데이터 기본법의 의미와 주요내용의 분석 및 평가", 신산업규제법 리뷰 제21-3호 한국법제연구원, 2021.12.31.의 내용을 일부 보완한 것임을 밝힌다.

를 진행하고 2020. 12. 08.에는 공식적으로 이를 대표 발의하였다. 이후 동 법안에 대한 정부, 국회에서 논의를 거쳐 최종적으로 「데이터 산업진흥 및 이용촉진에 관한 기본법(이하 데이터기본법)[97]」이라는 명칭으로 2021. 10. 19. 공포되었고 2022. 4. 20. 시행되기에 이르렀다.

한편 마이데이터는 기본적으로 동의절차를 거쳐 정보처리자에게 위임하였던 개인정보의 처리 권한을 개인이 다시 회수한다는 개념으로써 그동안 정보처리자의 권한으로 오해되어 왔던 개인정보의 자기통제권, 자기결정권을 원상으로 회복한다는 의미를 가진다. 또한 소수의 거대기업이 독점해 온 개인정보를 고객의 요청에 따라 제3자에게 이전함으로써 새로운 데이터 기반의 다양한 비즈니스를 촉발하게 된다. 특히, 다양한 데이터 간 결합이 용이해지면서 데이터 산업이 크게 성장할 가능성이 있다.

이처럼 마이데이터는 데이터를 경제적으로 활용하는 최초의 대규모 사업으로 국민들이 실제 데이터경제를 체감할 수 있는 데이터 활용 방안의 하나로 「데이터기본법」상 여러 제도와 관련성을 가진다. 이하에서는 「데이터기본법」의 주요 내용 중 마이데이터의 관련 부분에 대한 분석과 검토 의견을 제시해보고자 한다.

---

97) 동법의 약칭은 당초 '데이터기본법'이었는데, 공식적으로 법제처 법령정보사이트 약칭은 '데이터산업법'이라고 되어 있다. 다만, 동법의 주요 내용은 데이터 산업지원에 관한 것만이 아니라 데이터의 개념, 데이터의 법적 보호, 국가데이터정책위원회 등 데이터 정책의 기본적인 사항을 정하고 있다는 점에서 데이터 기본법이라는 약칭이 보다 정확한 것이라는 의미에서 '데이터기본법'으로 약칭하고자 한다.

마이데이터의 시대가 온다

데이터기본법의 주요 내용과 마이데이터 관련 이슈

(1) 목적, 정의 조항과 마이데이터

목적 조항은 데이터의 생산, 거래 및 활용 촉진에 관하여 필요한 사항을 정함으로써 데이터로부터 경제적 가치를 창출하고 데이터산업 발전의 기반을 조성하여 국민생활의 향상과 국민경제의 발전에 이바지함을 목적으로 한다(데이터기본법 제1조)고 규정함으로써 경제적 가치를 창출하기 위한 자원으로서 데이터 성격을 강조하고 있다.

주요 정의조항에서도 '데이터'를 '다양한 부가가치 창출을 위해 관찰, 실험, 조사, 수집 등으로 취득하거나 정보시스템 및 「소프트웨어 진흥법」제2조제1호에 따른 소프트웨어 등을 통하여 생성된 것으로서 광(光) 또는 전자적 방식으로 처리될 수 있는 자료 또는 정보를 말한다(제2조)'고 규정하고 있다.

국내의 실정법은 정보와 데이터를 혼용하여 사용하고 있는바, 본법의 개념에서도 자료 내지 정보라는 문구로 표현되어 있어 혼란의 여지가 있다. 다만, 본법에서 데이터의 개념은 형식상으로 온라인, 오프라인을 모두 포함하고 있으며, 데이터 보유주체가 공공이냐 민간이냐에 따른 공공데이터, 민간데이터 그리고 개인식별성 존재 여부에 따른 개인데이터, 비개인데이터 모두를 포괄하는 최상위의 개념이다. 다만, 순수하게 인격권적인 성격만이 있는 개인데이터의 경우 「데이터기본법」상 데이터의 범위에서는 제외된다고 할 수 있다.[98]

---

98) 이성엽, 「데이터와 법」, 사) 한국데이터법정책학회, 박영사, 2021. 5-6쪽.

결론적으로 데이터란 개별적인 문자·숫자·도형·도표·이미지·영상·음성·음향 등의 자료가 수집되어 자료처리능력을 갖춘 장치를 통하여 처리될 수 있어야 부가가치 창출을 위한 재료인 데이터가 될 수 있다. '지식의 피라미드'와의 관계에서 보면, 데이터는 '가공하기 전의 순수한 수치나 기호'이나 정보 창출의 대상이 되기 위하여 '가공하기 전의 순수한 수치나 기호'는 가공의 대상이 될 수 있는 상태가 되어야 하며, 이러한 가공을 위한 재료로 처리된 것이 「데이터기본법」상의 데이터라고 할 수 있다.

본 조항은 데이터를 경제적 가치 있는 자원으로 보고 있다는 점을 최초로 선언한 조항으로서 의미를 가지는데, 이러한 기본 철학이 최초로 실현되는 것이 마이데이터 사업이라는 점에서 양자는 중요한 관련성이 있다. 모든 정보주체가 본인정보를 적극 관리·통제하고, 이를 신용, 자산, 건강관리 등에 주도적으로 활용하는 것을 의미하는 마이데이터사업이 바로 데이터의 경제적 가치를 직접 확인하는 사업이라고 할 수 있다.

또한 '데이터산업'이란 경제적 부가가치를 창출하기 위하여 데이터의 생산·거래 등과 이와 관련되는 서비스를 제공하는 산업을 말한다고 규정하고 있으며, 데이터 산업의 주요 종사자로서 몇 가지 개념을 도입하고 있다. 예컨대, '데이터생산자'는 데이터의 생성·가공·제작 등과 관련된 경제활동을 하는 자, '데이터사업자'는 데이터의 생산·유통·거래·활용 등 일련의 과정과 관련된 행위를 업으로 하는 자, '데이터거래사업자'란 데이터사업자 중 데이터를 직접 판매하거나 데이터를 판매하고자 하는 자와 구매하고자 하는 자 사이의 거래를 알선하는 것을 업으로 하는 자, '데이터분석제공사업자'란 데이터사업자 중 데이터를 수집·결합·가공하여 통합·분석한 정보를 제공하는 행위를 업으로 하는 자를 말한다(제2조).

동 규정들은 본법의 개별 규정에서 지원대상을 확정하거나 신고의무 등 규제 대상을 확정하기 위한 목적으로 도입되었다. 그리고 데이터거래사업자와 데이터분석제공사업자는 신고의무를 부담하며(제16조), 자료제출 요청(제22조)의 대상이 된다.

(2) 데이터 이용 활성화와 마이데이터

데이터 이용 활성화를 위한 정책으로 우선 데이터 가치평가 지원 조항을 두고 있다. 이에 따르면 과학기술정보통신부장관은 데이터에 대한 객관적인 가치평가를 촉진하기 위하여 데이터(공공데이터는 제외) 가치의 평가 기법 및 평가 체계를 수립하여 이를 공표할 수 있으며 이를 위해 과학기술정보통신부장관은 유통되는 데이터에 대한 가치평가를 전문적·효율적으로 하기 위하여 가치평가기관을 지정할 수 있도록 하고 있다(제14조). 데이터 가치 산정의 경우 마이데이터 사업에서 본인 데이터를 이전하는 정보주체로서는 어느 정도의 가치를 인정받을 수 있을지가 문제가 된다는 점에서 마이데이터 사업과도 중요한 관련성이 있다.

다음으로, 데이터 이동의 촉진을 위해 정부는 데이터의 생산, 거래 및 활용 촉진을 위하여 데이터를 컴퓨터 등 정보처리장치가 처리할 수 있는 형태로 본인 또는 제3자에게 원활하게 이동시킬 수 있는 제도적 기반을 구축하도록 노력하여야 한다(제15조)고 규정하고 있다. 당초 초안에는 데이터주체가 자신의 데이터를 제공받거나 본인데이터관리업자 등에게 본인의 데이터를 제공하도록 요청할 수 있게 하는 개인데이터 이동권(법안 제15조) 및 개인인 데이터주체의 개인데이터 관리를 지원하기 위하여 개인데이터를 통합하여 그 데이터주체에게 제공하는 행위를 영업으로 하는 본인데이터관리업을 도입하였다(법안 제16조). 그러나 이후 개인정보보호위원회가 개인정보이동권을 「개인정보 보호법」 개정안에 도입하겠다는 입장을 밝힌 후 부처 간 조정에 따라 동 조항은 삭제되고 「개인정보 보호법」 개정안에 동 내용이 포함되었다.[99] 동 조항은 선언적 규정에 불과하지만 향후 데이터 이동권 및 마이데이터가 전 산업 분야로 확산되는 데 있어 정부에 일정한 작위의무를 부여하였다는 점에서 의의가 있다.

다음 데이터사업에 대한 진입규제가 도입되었다. 데이터 사업자 중 데이터거래사업자와 데이터분석제공사업자에 대해서는 신고의무가 부과되었다. 신고사항을 변경하는 경우에도 변경신고를 하여야 한다. 과학기술정보통신부장관 및 관계중앙행정기관의 장은 제1항에 따라 신고된 사업자에 대하여 재정적·기술적 지원 등 필요한 지원을 할 수 있다. 신고 기준 및 절차 등에 관하여 필요한 사항은 과학기술정보통신부령으로 정하도록 하고 있다(제16조).

---

99) 본인정보를 본인 또는 제3자에게 전송 요구할 수 있도록 일반적 권리(분야별 개인정보 이동권을 포섭)로서 개인정보 전송요구권(이동권)을 신설하여 정보주체의 개인정보 통제권 강화와 함께 全분야로의 마이데이터 확산을 추진하는 개정안이 국회에 상정되어 있다.

동 조항은 데이터사업자 중 데이터 거래를 하거나 데이터분석제공을 하는 사업자는 데이터 생태계에서 상대적으로 중요성이 있기 때문에 별도로 정부가 관리하면서 지원책을 강구하겠다는 의미이다. 데이터거 래사업자는 소위 데이터 거래소를 운영하는 사업자, 데이터분석제공사 업자는 소위 마이데이터사업자가 포함될 것이다. 현재로서는 「신용정 보법」에 따른 본인신용정보관리회사와 「전자정부법」, 「개인정보 보호법」 개정안에 따른 정보수신자가 여기에 포함된다. 「신용정보법」상 본인신용정보관리회사란 신용정보주체의 신용관리를 지원하기 위하여 신용정보를 대통령령으로 정하는 방식으로 통합하여 그 신용정보주체에게 제공하는 행위를 영업으로 하는 본인신용정보관리업을 영위하는 자이다.[100]

시행령을 통해 영세 중소기업에 부담이 되지 않도록 신고기준과 절차를 정해야 할 것이다. 다만 본 신고는 수리를 요하는 신고가 아닌 단순한 보고적 신고로서 신고 시 즉시 효력을 발생하는 것으로 봐야 할 것이다.[101]

다음으로 데이터 집중, 독점 등으로 인한 폐해를 방지하고 공정한 데이터거래가 가능하도록 하기 위해 데이터의 공정한 유통환경 조성 등

---

100) 신용정보법 제2조제9의2호, 제2조제9의3호

101) 행정기본법 제34조(수리 여부에 따른 신고의 효력) 법령등으로 정하는 바에 따라 행정청에 일정한 사항을 통지하여야 하는 신고로서 법률에 신고의 수리가 필요하다고 명시되어 있는 경우(행정기관의 내부 업무 처리 절차로서 수리를 규정한 경우는 제외한다)에는 행정청이 수리하여야 효력이 발생한다고 규정하고 있다. 상세 내용은 박재윤, "행정기본법 제정의 성과와 과제 — 처분관련 규정들을 중심으로", 「행정법연구」, 행정법이론실무학회, 2021 참조.

의 규정이 도입되었다. 과학기술정보통신부장관은 데이터를 거래함에 있어서 대기업사업자와 중소사업자 간의 공정한 경쟁 환경을 조성하고 상호 간 협력을 촉진하여야 한다. 또한 데이터사업자는 합리적인 이유 없이 데이터에 관한 지식재산권의 일방적인 양도 요구 등 그 지위를 이용하여 불공정한 계약을 강요하거나 부당한 이득을 취득하여서는 아니 된다. 과학기술정보통신부장관은 데이터사업자가 제2항을 위반하는 행위를 한다고 인정할 때에는 관계 기관의 장에게 필요한 조치를 할 것을 요청할 수 있다고 규정하고 있다(제17조).[102] 데이터가 집중되는 마이데이터사업자의 경우 동 조항에 따른 규제위험이 있다는 점에서 유의할 필요가 있다.

(3) 데이터 유통·거래 활성화와 마이데이터

데이터 유통·거래 활성화를 위해서 먼저 데이터유통 및 거래 체계 구축 조항을 두고 있다. 이에 따르면 과학기술정보통신부장관은 데이터 유통 및 거래를 활성화하기 위하여 데이터 유통 및 거래 체계를 구축하고, 데이터 유통 및 거래기반 조성을 위해 필요한 지원을 할 수 있으며, 과학기술정보통신부장관은 데이터 유통과 거래를 촉진하기 위해 데이터유통시스템을 구축·운영할 수 있다(제18조). 데이터 플랫폼에 대한 지원 조항도 도입되었다. 즉, 정부는 데이터의 수집, 가공, 분석, 유

---

102) 관련 사례로 다음 내용을 참고할 수 있다. 금융데이터 개발사인 K사는 얼마 전 금융기관A의 빅데이터 플랫폼 고도화 업무를 수주하고 해당 기관의 데이터를 활용하여 AI 알고리즘을 개발하여 납품하였음. 그런데 금융기관A는 프로젝트 종료 후 K사가 개발한 알고리즘을 자신의 명의로 특허 출원하고 홍보하였다. 이처럼 실제 시장에서는 데이터와 AI 성과물에 대한 권리를 일방적으로 우월한 지위에 있는 사업자에게 귀속시키는 사례들이 발생하고 있다.

마이데이터의 시대가 온다

통 및 데이터에 기반한 서비스를 제공하는 플랫폼을 지원하는 사업을 할 수 있다(제19조).

데이터 유통시스템과 데이터 플랫폼이 어떤 차이가 있는지가 문제되나, 전자가 전자적인 데이터 거래 시스템이라고 보면, 후자는 과학기술정보통신부가 지원하는 빅데이터 플랫폼사업과 민간의 데이터거래소를 통칭하는 것으로 이해하는 것이 타당하다.

그 외에도 데이터 유통·거래 활성화를 위해 데이터 품질관리, 표준계약서가 규정되었다. 과학기술정보통신부장관은 행정안전부장관과 협의하여 데이터의 품질향상을 위하여 품질인증 등 품질관리에 필요한 사업을 추진할 수 있다(제20조). 또한 과학기술정보통신부장관은 데이터의 합리적 유통 및 공정한 거래를 위하여 공정거래위원회와 협의를 거쳐 표준계약서를 마련하고, 데이터사업자에게 그 사용을 권고할 수 있다(제21조).

다음으로 데이터 거래 전문가로서 데이터거래사 양성에 관한 내용이 규정되었다. 데이터 거래에 관한 전문지식이 있는 사람은 과학기술정보통신부장관에게 데이터거래사로 등록할 수 있다. 데이터거래사로 등록하려는 사람은 대통령령으로 정하는 데이터거래의 경력 및 자격 등의 기준을 갖추어 대통령령으로 정하는 교육을 받아야 한다. 데이터거래사는 데이터 거래에 관한 전문적인 상담·자문·지도 업무 및 데이터 거래의 중개·알선 등 데이터 거래 등을 지원하는 업무를 수행한

다(제23조).[103]

데이터거래사는 특정 업무의 수행 또는 영업활동에 대해 자격자에게만 그 행위를 허용하는 것은 아니다. 그러나 자격자에게 특정 자격명칭을 부여하여 기술·기능 등을 국가가 공인함으로써 직업능력 향상을 도모하고 국민의 경제활동을 뒷받침할 수 있는 제도로 판단된다.[104] 다만, 대통령령에서 자격요건을 강화함으로써 소수의 전문가를 육성할 것인지, 일반 국민도 쉽게 접근 가능한 자격요건으로 할 것인지를 판단할 필요가 있다.

마이데이터 사업도 하나의 데이터 플랫폼 기능을 한다는 점에서 위 조항에 따른 지원대상이 될 수 있다. 또한 마이데이터사업의 종사자들은 데이터거래사의 역할을 할 가능성이 높으며 이에 따라 이 자격에 대한 수요도 높아질 것으로 기대된다.

---

103) 데이터거래사는 미국의 데이터 브로커 제도와 유사한 측면이 있다. 데이터 브로커란 데이터를 수집해 그것을 제3자와 공유하거나 재판매하는 기업 혹은 개인을 말한다. 이에 관한 상세 내용은 아래를 참고할 수 있다(Michal Wlosik, What Is a Data Broker and How Does It Work? February 4, 2019. 〈https://clearcode.cc/blog/what-is-data-broker/#what-are-data-brokers?〉 (2021.12. 10. 접속).

104) 조기열, 앞의 글, 64-65쪽.

　　　　　　　　　　　　　　마이데이터의 시대가 온다

마치며

　전체적으로 법은 데이터 활용을 지원하기 위한 인프라 구축, 데이터 활용에 저해가 되는 법적 장애의 해소, 데이터 산업의 진흥을 위한 다양한 정책수단의 마련, 데이터 거버넌스로서 국가데이터정책위원회 신설을 내용으로 하고 있다.

　다만, 가치평가, 품질인증, 데이터거래사 등의 신규 제도는 아직 시장에서 자율적 논의가 이루어지지 않는 반면 데이터 산업의 인프라로서 필수적인 제도라는 점에서 하위법령 제정과정에서 업계와 전문가로부터 충분한 현실적 집행가능성에 대한 검증을 받아야 할 것이다.

　사실 「데이터기본법」은 세계 최초로 데이터로부터 다양한 경제적 가치를 창출하고 데이터산업 발전의 기반을 조성하기 위한 법인만큼, 향후 동법이 데이터경제 전환을 위한 인프라 역할을 충실히 할 것을 기대한다.

　마이데이터는 「데이터기본법」상 경제적 가치 있는 데이터 활용의 실험장이 될 수 있으며 특히, 데이터의 가치산정, 데이터분석제공사업자 신고, 데이터 플랫폼, 데이터거래사 등에 있어 직접적 관련성을 지닐 것으로 보인다.

4차 산업혁명 미래 보고서

마이데이터의
시대가 온다

마이데이터 산업 활성화

개인정보 비즈니스 및 마이데이터 생태계 촉진을 위한 과제

뱅크샐러드 김태훈 대표

마이데이터는 다양한 영역에서 실시간으로 생성 및 활용되는 개인정보의 범위와 가치를 개인이 정확히 인지하고 적극적으로 개인정보 자기결정권을 실질적으로 행사할 수 있는 체계를 마련하는 것이며, 넓은 범위의 개인정보 활용에 기반하여 데이터 비즈니스의 가치 창출을 가속화하는 사상의 변화이다.

이는 「신용정보법」을 포함한 데이터 3법 및 「전자정부법」 개정 등을 통해 법제도적 근거가 마련되어 있는 신용정보 및 공공마이데이터 대상의 전송요구권 범위에 그치는 것이 아니다. 상거래, 건강, 교육, 주거, 통신, 이동·교통, 인터넷플랫폼 기반 활동 정보 등 전 업권의 개인정보들이 마이데이터 사상을 수용함으로써 데이터 경제의 원유로서 실질적 가치 창출을 이끌어 낼 수 있으며, IoT와 빅데이터 중심의 데이터 경제 논의 및 실행의 한계를 뛰어넘는다.

'21년 한국 마이데이터 원년을 시작으로 개인정보 기반 데이터 비즈니스의 경제적 가치를 구체화하고 지속가능한 마이데이터 생태계를 구축하기 위하여, 국가 차원의 충분한 논의와 함께 마이데이터 인프라 설계가 필요한 시점이다.

〔그림 11〕 개인정보의 분류

개인정보 비즈니스 생태계의 구성

앞서 기술한 개인정보 이동 및 활용 확산의 결과로서, 정보주체의 실질적 개인정보자기결정권 행사와 함께 고효율의 개인정보 유통 인프라의 작동에 의해서 개인정보 비즈니스 생태계가 유지되고 확장될 것이다. 크게 보면 마이데이터 인프라 및 서비스 플랫폼 영역 2개의 생태계가 연결되어 선순환 구조를 이루고 있으며, 데이터 비즈니스의 관점에서는 1) 데이터공급 API 네트워크, 2) 데이터솔루션, 3) 데이터운영 인프라, 4) 데이터기반 개인화 서비스의 4개 영역의 마이데이터 산업이 창출되고 육성된다.

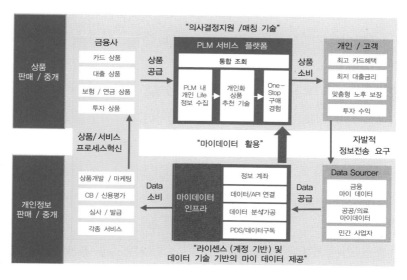

〔그림 12〕 개인정보 비즈니스 생태계의 개념

기존의 분절된 산업과 고객 경험하에서는 불가능했던 Digital Transformation이 가능해지는 비즈니스 생태계가 마련되는 것이라고 할 수 있다. 뱅크샐러드는 마이데이터 비즈니스의 큰 2개 영역으로서, 개인정보 기반의 지식서비스(Me2B 서비스)와 개인정보 판매 및 중개 비즈니스를 주목한다.

개인정보 기반 지식 서비스(Me2B 서비스)

Me2B 서비스는 개인이 체감할 수 있는 혜택을 얻기 위하여 분명한 목적을 가지고 행사하는 개인정보 이동권에 기반을 두는 것으로, 개인 정보를 기반으로 주변의 정보를 재구성하여 솔루션을 맞춤형으로 설계, 추천함으로써, 개인의 시간과 비용을 최소화하고 가치를 극대화하는 지식서비스로 정의할 수 있다. 가장 대표적인 사례가 자동차 네비게이션 및 이에 기반한 택시호출 서비스이다. 개인의 위치에 근거하여 가장 근거리의 택시를 매칭하여 주며, 실시간 교통정보에 따라 이동시간 및 택시요금을 최소화할 수 있는 최적 경로를 안내한다. 이러한 상품, 서비스 이용 정보는 개인이 앱을 통해 실시간으로 확인할 수 있어, 신뢰를 기반으로 안심하고 서비스를 이용할 수 있다.

이와 같은 Me2B 서비스의 원리와 비즈니스모델은 마이데이터를 기반으로 각 업종으로 확장될 것으로 예상된다. 금융업의 경우 기존의 금융사 내 고객정보에 기반한 고객관리의 허들(hurdle)을 단숨에 넘는다. 가장 싼 금리와 한도의 상품을 찾고 추천하는 대출 네비게이션, 최소 보험료로 나의 보장수익을 극대화하는 보험 네이게이션의 형태가 될 것이다. B2B2C 맞춤형 광고가 개인의 상품구매 확률과 광고플랫폼의 수익을 목적으로 했다면, Me2B 서비스는 개인의 혜택을 극대화하

마이데이터의 시대가 온다

는 것이 목표이다. 그리고 이것이 충족되었을 때 개인이 적극적으로 개인정보 이동권을 행사하고 마이데이터 산업이 자연적으로 성장한다.

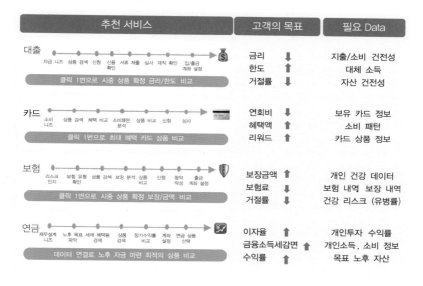

〔그림 13〕 금융상품 맞춤형 비교/추천의 예시

이러한 초개인화 맞춤형 상품 중개는 마이데이터사업자의 고유 업무이기도 한 통합조회를 기본으로, 상태 모니터링, 진단, 영향도 분석·예측 및 문제 해결을 위한 필요 상품·서비스를 자동으로 비교·추천하는 내 정보 통합관리 서비스를 제공한다고 할 수 있다. 미국 Intuit이 대표적 사례로, 개인별 금융, 신용평가, 사업자, 세금, 건강, 교육·교통 등 라이프 전반으로 사업을 확장하고 통합된 정보관리 서비스를 제공함으로써 기업가치가 '21년 $111B에 달하고 있다. 이와 같이 금융에서 본격화된 마이데이터 기반의 개인정보 비즈니스는 상품공급자와 소비자 간 정보비대칭이 존재하는 대표적 레몬마켓인 의료·건강 및 교육, 중

고차 등 시장으로 점차 확대되어 소비자들의 현명한 소비를 도와줄 것이다.

개인정보 판매 · 중개 비즈니스

또 다른 축은, 데이터 상품으로서의 개인정보를 고객분석, 마케팅 및 고객서비스혁신 등을 목적으로 하는 수요 기업에 연결 및 제공하는 것이다. 그리고 그에 따른 금전적 가치를 개인, 데이터제공자, 중개플랫폼에 환원하는 개인정보 판매 및 중개 시장이다. 마이데이터사업자 라이선스 취득, 데이터 수집·가공을 위한 인프라 구축 등의 허들이 진입장벽이 아니라 활용 가능한 서비스화 되는 것이며, 이를 기반으로 혁신적인 Me2B 서비스를 개발하고 개인의 편익을 높일 수 있다.

개인정보 중개 및 직접적 수익화의 사례로서, 리서치·마케팅 데이터 플랫폼을 들 수 있다. 마이데이터를 기반으로 타겟팅 및 설문 작성을 자동화하고, 비식별기반으로 다양한 고객 행태 데이터셋을 공급하는 등 혁신을 통해 정보 수요자 요구에 적시 대응이 가능하며, 개인은 개인정보의 금전적 가치를 제대로 인지하고 수익화할 수 있다. 한 마이데이터기업[105]의 분석에 의하면 Facebook의 사용자 1명당 개인정보의 가치를 약 $370/year으로 평가하고 있는데, 개인정보의 금전적 가치를 가늠해 볼 수 있다.

---

105) **KILLI** : 미국의 개인정보 중개 플랫폼. 매출, 수익 및 활성고객수를 기반으로 플랫폼 별 개인정보의 금전적 가치 추정 ('21/2Q)

마이데이터의 시대가 온다

개인정보 중개 인프라 영역은 개인정보 비즈니스 생태계의 필수적 인 프라로서 **Mydata Operator**의 개념이 유럽을 중심으로 정립 중이다. ID·동의관리, 연결기관·파트너 관리, API관리·연결·전송, 데이터 표 준화 및 클린징, 가격정책·정산, 로깅·감사, PDS 등 마이데이터 유통 체계에 필요한 역할들을 넓게 포괄하고 있다. 개인은 실질적인 개인정 보 이동권 행사·통제 도구를 확보하게 되며, 활용 기업은 데이터 연 결·교환 인프라 구축 비용을 절감하고 개인정보보호 및 동의관리 등 규제 변화에 신속하게 대응할 수 있다.

미국은 GAFA[106]로 대표되는 거대 IT기업들과 같이 개인의 일상생 활에 영향력이 큰 사업자가 디지털플랫폼을 기반으로 개인의 데이터 통제권를 강화하는 방식으로 민간산업 주도의 개인정보 생태계를 구 성해 왔다. 금융분야의 경우, Plaid, Yodlee와 같은 금융 데이터·API Aggregator 비즈니스 모델이 지속 성장하여 매우 보편적인 데이터 인프 라가 되었으며, 개인 금융정보 유통을 넘어 데이터 솔루션 비즈니스를 강화 중이다. Plaid는 2021년 시리즈D 투자유치 과정에서 $13.4B의 기 업 가치를 인정받았다.

반면, 한국은 금융분야의 경우 마이데이터 인프라 산업에 해당하는 역할을 중계기관, 지원기관의 형태로 신용정보법령에 공공기관을 중심 으로 명시, 민간의 참여가 제한되어 있다. 법제도의 효율적 도입 및 생 태계의 조기 안착이라는 긍정적 효과가 있는 반면, 민간 참여 및 데이

---

106) Google, Apple, Facebook, Amazon

터 인프라 산업으로서의 발전 가능성은 낮은 상태이다. 공공, 의료 등 금융 외 마이데이터 영역 역시 공공기관을 중심으로 마이데이터유통체계가 구축되고 있다.

비교영역	미국	한국
개인정보 망 구축 주체	민간사업자 주도	정부 주도
데이터 이동 결정	민간 주도/회사 간 계약 개인 동의 및 스크린스크레이핑	법제도 근거 전송요구권
데이터 이동 유인	데이터 공급기업 및 망 사업자 이윤	스크레이핑 개선 요구 및 개인의 선택권
데이터 가격	망 사업자 간 경쟁 / 고가	정부 정책 / 저가
데이터 양	SMALL 사업자의 선택적 제공	BIG 정부와 사회적 협의
이용기업 행동	비용 부담 → 필요 만큼 이용	가능한 한 많이 확보

〔표 34〕 미국과 한국의 개인 정보 비즈니스 생태계 비교

금융분야에서 출발한 마이데이터 산업을 전 업권으로 확산하고 실질적 데이터 경제로 전환하기 위하여, 한국형 마이데이터 인프라에 대한 국가 차원의 논의가 필요한 시점이다.

마이데이터 확산을 위한 제언

최근 애플이 페이스북 등 제3자에 개인정보 제공을 제한하는 방향으로 개인정보보호정책을 변경하고 자체 광고사업을 강화하고 있는 모습은 기업 중심 개인정보 활용에서 개인의 데이터 활용 생태계로 선회

마이데이터의 시대가 온다

하는 빅테크의 모습을 보여준다. 이에 비추었을 때 '21년 한국의 마이 데이터 성과는 전 세계적으로 선도적 사례이며, 이와 같이 개인의 데이터 활용 권리를 확대하기 위한 전송요구권 기반의 개인정보 연결의 확산은 공공, 의료, 정보통신, 교육 등으로 계속될 것으로 전망된다. 이를 위하여, 데이터 경제의 한 축으로서 지속 가능한 한국형 마이데이터 구축을 위한 핵심 논의사항들을 제언한다.

먼저, 개인이 마이데이터의 편익을 체감하려면 데이터 개방의 수준이 임계점을 넘어야 한다. 분절된 데이터와 산업으로 인하여 불가능했던 혁신서비스가 가능해지려면 데이터의 범위와 양, 이동의 속도가 확보되어야 혁신서비스 제공이 가능하다. 인터넷플랫폼을 중심으로 산업 구분 없이 개인의 삶이 연결되듯이 마이데이터도 업권 전체를 관통하는 포괄성과 이들을 연결하기 위한 인증 및 인터페이스의 표준화가 반드시 필요하다. GPS가 네비게이션, 자율주행 등 혁신을 이끌어 내었듯이 개인의 생활, 소비 빈도·속도에 맞게 실시간으로 데이터가 이동해야 한다. 완결된 진단 및 금융상품 구매 등 중요한 의사결정을 위해서는 개인의 거래내역뿐 아니라 선택의 기준이 되는 정확한 상품정보, 가격정보까지 반드시 필요하며, 지속 발굴될 개인정보 니즈에 대응하기 위하여 전송요구권 대상 데이터·API가 지속 발굴 및 추가되어야 한다.

둘째, 마이데이터사업자가 마이데이터를 충분히 활용하고 안전하게 보호하기 위해서는, 마이데이터 유통체계 또한 민간이 참여하고 경쟁이 가능한 체계까지 완비되어야 한다. 한국의 경우 정부 주도로 마이데이터 유통체계를 구축하고 마이데이터 산업을 조기 안착하기 위한 마중물 역할을 하고 있다. 그러나 다양한 이해관계자, 특히 데이터 제공 기관과의 협의 과정 등은 향후 개방의 범위와 속도를 저해할 수 있다. 시장에 다양한 민간 Data Gateway가 출현하고 자연스럽게 데이터 공급의 가격·품질 경쟁이 이루어질 수 있도록 법제도 정비가 필요하다. 이를 기반으로 기업 디지털 혁신의 핵심키워드인 오픈 이노베이션이 데이터 공급자의 관점에서도 일관되게 유지되어야 한다.

셋째, 개인의 실질적 개인정보자기결정권 행사를 기반으로 하는 개인정보 망 사업은 그 자체로 데이터 비즈니스의 한 축을 담당하는 새로운 비즈니스모델이다. 개인에게는 실질적 동의관리 도구를 제공하고, 데이터의 가치를 인지가능한 재화·인센티브로 전환한다. 기업에게는 막대한 데이터 네트워크 구축 및 마케팅 비용을 획기적으로 절감할 수 있는 데이터 인프라를 제공한다. 한국은 정부 주도로 마이데이터 유통체계가 설계·구축되고, 공공기관이 그 역할을 담당하다 보니, 개인정보 전송망이 민간의 데이터 경제 시장을 창발할 수 있는 논의의 여지가 축소되어 버렸다. 마이데이터 중계기관, PDS 등 개인정보 망 사업영역에 대하여 마이데이터사업자의 및 민간의 시장 참여가 가능하도록 국가 마이데이터 정책 차원의 논의가 필요하다.

마지막으로, 아직까지는 마이데이터가 오픈 API 체계 구축 및 통합조회 기능의 구현에 머무르고 있어, 마이데이터 기반의 각 산업 Digital Transformation까지는 본격화되지 못하고 있다. 금융업의 경우 Me2B

마이데이터의 시대가 온다

로서 전송요구권에 근거하여 개인정보가 은행, 보험사, 신용정보회사 등에 제공되고, 금융사는 더 정교화된 리스크 평가와 함께 리스크 비용과 및 불합리한 절차를 제거하는 등 금융업의 프로세스가 혁신되어야 한다. 또한, 대고객채널과 금융업 등 상품제조사의 프로세스가 유기적으로 연결되어 전체 고객 여정의 과정에서 병목구간 및 이동의 장애요소가 제거되어야, 개인이 마이데이터 활용에 따른 실질적 혜택과 편리함을 경험하고 적극적으로 개인정보 전송요구권을 행사할 수 있다. 데이터 경제의 원유라고 할 수 있는 개인정보가 막힘 없이 흐르고, 마이데이터 생태계의 선순환 구조가 유지되는 것이다.

민간 주도 성장을 위한 마이데이터 발전 방향

네이버 손지윤 이사

마이데이터 제도가 도입되고 사업자 허가를 위한 절차 진행 및 구체적 시행 방안에 대한 논의가 진행된 지도 만 2년 가까운 시간이 경과하였다. 그 간, 이용자에게 진정한 혁신적 가치를 제공하면서, 동시에 개인정보 보호에 관한 본질적 원칙을 준수하고 기존 산업과의 갈등을 원만히 해결해 나가기 위해, 4차산업혁명위원회, 주무부처 및 산하기관, 전문가, 유관기업들이 건설적인 토론을 이어나갔다.

이 글을 작성하며, 동시에 시범운영 기간을 거쳐 마이데이터의 본격적인 개시를 목전에 둔 시점에서 반추해 보건대, 제도 도입 초기에 정부 당국이 기획했던 것에 비해, 유관 기업의 많은 건의들이 반영되었다. 그리고 기업들 간의 이해관계를 조정하며, 현실적인 실행방안을 찾기 위한 노력의 흔적들을 구체적 실행 방안의 곳곳에서 발견할 수 있다.

필자가 이 글에서 제시하는 '민간기업의 참여를 촉진하고 산업을 활성화하기 위한 방안'도 4차산업혁명위원회의 데이터특별위원회 활동 기간 동안 4차산업위원회 및 유관부처로 전달되어, 상당 부분 그 취지를 살려 반영되었다. 그리고 현재도 검토 중인 사항이라는 점을 밝혀둔다. 전 세계적으로 선도적인 제도의 시작이며, 우리나라의 데이터 관련 정부정책 방향의 대전환에 해당하는 이정표와 같은 사업이라는 점

마이데이터의 시대가 온다

을 고려할 때, 현시점에서 산업적 활성화를 위한 준비가 완벽하지 못함은 자연스러운 현상이라고 판단된다.

따라서 필자가 제안하는 다음의 방안들은 현행 제도의 미비점이라는 관점에서보다는, 제도의 안정적 시행과 정착 이후, 다음 단계로의 도약을 위한 고민 사항으로서 논의되는 것이 적합하다.

마이데이터 허가를 신청하는 사업자가 증가하는 차원을 넘어, 데이터 관련한 다양한 분야의 민간기업으로 생태계 범위를 확장해 가고, 산업 전체가 성장하기 위한 방안으로 크게 다음 세 가지 사항을 제언하고자 한다.

첫째, 이용자의 편의와 효용 제고를 위한 제도 설계
둘째, 정보제공 활성화 방안 모색
셋째, 마이데이터 및 데이터 공유·공개에 관한 정부 정책 방향의 불확실성 완화

이용자 편의 및 효용 제고를 위한 제도 설계

마이데이터 산업이 활성화되기 위해서는 무엇보다 마이데이터 이용자의 편의를 개선하는 것이 중요하다. 마이데이터 이용자 편의 문제를 보다 현실적으로 해결해 나가기 위해서는, 기존의 오프라인 기반 허가 제도를 운영하던 행정 관행에서 벗어날 필요가 있다. 디지털 서비스의 출시를 위해서는 다양한 유저 그룹을 통해, 공개, 비공개의 다단계 테스트를 거치게 되고, 이 과정은 단선적으로 흐름으로만 진행되지 않는다. 테스트 과정에서 예상치 못한 기술적 문제가 제기되거나, 기획·개

발자의 의도가 이용자의 관점을 이해하지 못해 전면 수정되는 경우도 종종 발생한다.

따라서 시범서비스를 운영하는 기간, 이용자에게 본 서비스를 제공하는 시점 등은 사업자의 재량에 맡기는 것이 현실적이다. 허가를 받은 이후 서비스를 제공해야 하는 최종 기한만 설정하고, 구체적인 서비스 시점은 각 사업자가 판단하여 추진하도록 하는 것이 설익은 서비스를 동시에 출시하여 이용자의 외면을 받는 것보다 바람직한 대안이다.

정부는 사업자가 원하는 시점에 언제든 서비스를 개시할 수 있도록, 제반 기준·제도의 정비, 유관 환경의 준비에 중점을 두고, 서비스의 개시 시점은 사업자가 판단한다. 그리고 그 성패는 시장에서 이용자의 선택에 맡기도록 하는 것이 디지털 서비스에 적합한 방식이다.

아울러, 제도의 세부 사항을 결정하는 데에 있어서도, 다양한 대안들을 사업자가 테스트 단계에서 적용해 보도록 하고, 그 결과를 공유하여 최종 제도화하는 방법론을 채택할 필요가 있다. 이용자의 실제 경험·평가가 반영되지 않은 상태에서, 사전적으로 지침, 고시를 완결적으로 제정하여 준수하도록 하는 전통적인 행정 방법론은 이용자 편의와 괴리된 서비스를 양산하게 될 가능성이 높다.

제도가 안정된 뒤, 보다 혁신적인 서비스 내용으로 이용을 촉진하기 위해서는 현재와 같은 금융 정보 중심의 사업모델을 탈피하는 것이 급선무이다. 마이데이터 제도화 이전에도, 정도의 차이는 있으나, 금융기관, 핀테크 기업 등을 통해 일정 수준의 자산관리 서비스는 제공되던

마이데이터의 시대가 온다

상황이다. 마이데이터 사업을 통해 이용자에게 기존 서비스를 넘어서는 가치를 제공하기 위해서는 금융 이외 영역과의 적극적 제휴가 필요하다. 이용자 유입을 위한 채널 접점 확보 차원에서부터, 금융 외 이종 데이터의 유입, 다양한 마케팅 리워드의 제공 등을 위해서 마이데이터 허가 사업자를 중심으로 다양한 컨소시엄을 구성하고 사업 모델을 확장해 나가야 한다. 이 과정에서 정부가 중점 두어 관찰할 것은, 금융기관, 빅테크에 비해, 중소규모 핀테크 기업 등이 제휴 추진에 한계를 보이는지 여부이다.

한편, 이러한 사업자 간 제휴가 실질적인 서비스 가치로 연계되기 위해서는 데이터 결합이 촉진될 수 있는 환경 조성에 대해서도 고민해 볼 필요가 있다. 현재 「개인정보 보호법」에 따라 데이터결합전문기관을 지정하고 있고, 전문기관은 결합된 정보의 반출 심사 기능까지 수행하고 있다. 현행 제도를 보완하여, 마이데이터 허가 사업자가 데이터 결합기관의 역할을 동시에 수행할 수 있는 방안을 모색해 볼 것을 제안한다.

마이데이터 허가 사업자가 희망할 경우, 기존 결합전문기관의 역할보다 제한된 수준으로 하여, 결합전문기관으로 지정받을 수 있도록 해야 한다. 그리고 심사 기준과 절차를 간소화하는 방안을 적극적으로 검토해야 한다. 예를 들어, 마이데이터 사업 목적으로 한정하여 데이터 결합을 수행하고, 그 결과를 반출하지 않도록 하며, 반출심사 기능은 부여하지 않는 등으로 마이데이터 사업자에 대한 결합기관으로서의 역할을 제한하는 것이다.

마이데이터 사업의 본질은 다양한 데이터를 한데 모으는 것이고, 이를 토대로 혁신적인 한 단계 더 나아간 서비스를 제공하기 위해서는 모여진 데이터 간에 결합이 효율적으로 이루어질 수 있는 제도적 환경을 조성해 주는 조치가 필요하다.

정보제공 활성화 방안 모색

우리나라 마이데이터 제도가 이론적으로 시장에서 작동할 수 있게 만든 가장 핵심적인 조치는 정보전송요구권을 창설한 것이다. 제도적인 측면에서는 완벽한 구조를 갖춘 셈이다. 그러나, 정보전송요구권 자체가 법률에 의해 새롭게 부여된 권리인 만큼, 그 의무를 부담하게 되는 사업자들의 법제도 순응은 반대로 상당한 저항이 예상된다. 물론, 과태료 제도를 마련하여 이행을 확보하기 위한 수단은 완비하였다. 그러나 의무 해태에 대한 처벌적 관점이 아닌, 산업 육성 관점에서 본다면, 사후적인 과태료 제도만으로 적극적인 의무 이행 상황을 기대하는 것은 사업 현장에서 잘 작동하지 않을 우려가 있다.

앞으로 마이데이터 사업이 타 분야로 확장되어 가면서 정보전송의무를 지는 사업자의 수도 급속도로 증가할 것이다. 수많은 의무 대상 사업자들의 제도 순응을 기대하기 위해서는 시장 메커니즘을 활용할 것을 제안한다.

첫째, 정보전송제공기관이 적극적으로 의무를 수행할 수 있는 인센티브 구조를 설계해야 한다. 데이터의 1차 소유자는 이용자 개인이나, 해당 데이터가 생산되도록 서비스를 제공한 사업자에게도 일정 수준의 권리가 인정되어야 하며, 특히, 이를 외부로 전송하는 데에 소요되는 비용과 인력에 대한 보상은 전제되어야 한다. 마이데이터의 성공을 가늠짓는 핵심적인 요소는 정보전송의무 기관으로부터 유의미한, 가치있는 정보를 제공받을 수 있느냐 하는 것이다. 사업자 간 이해관계 대립으로 논쟁의 대상이 되는 정보 외에도, 법령에서 그 제공 여부를 모두 규정하는 데 한계가 있는 정보의 세부내역들이 존재한다. 법률에 의해 갑작스럽게 새로운 의무를 부담하게 되고, 의무 이행을 위해서는 인력 채용과 투자까지 해야 하는 사업자에게 적극적이고 지속 가능한 자세로 정보전송 업무를 성실히 수행할 것을 기대하는 것은 현실적이지 않다. 데이터 가치 산정 자체가 참조 사례가 드문 어려운 과제이지만, 「데이터산업진흥 및 이용촉진에 관한 법률」에서 데이터의 가치 평가를 지원하는 업무를 신설한 바, 이러한 제도를 활용하는 방안을 추천한다.

둘째, 정보전송의무기관의 증가에 대비하여, 마이데이터 사업자와 정보전송의무기관을 중개하는 역할을 수행하는 기관의 육성을 추진해야 한다. 마이데이터 사업은 법령에 의해서 생겨난 신종 사업이지만, 현실 세계에서 실질적으로 작동하기 위해서는 법령이 예상하지 못한 공백을 메우는 기능들이 새로운 세부 사업으로서 자연스럽게 등장할 수 있는 환경을 조성하여야 한다. 진입규제로 출발하지 않은 사업에서는 이러한 움직임은 시장 참여자들에 의해 자연스럽게 발생한다. 그러나 마이데이터 사업은 진입 규제로 시작한 까닭에 법령이 정하지 않은 기능,

사업자격 등에 대해서 positive 규제 방식으로 해석하려는 경향이 있다. 하지만 동 제도의 도입 취지를 고려한다면, 네거티브 규제 방식으로 해석하여, 법령에서 미처 정하지 않은 사항들은 시장의 필요에 의해 적극적으로 그 기능을 만들어 가는 노력이 필요하다.

정보전송의무 사업자인 통신사의 중개 기관으로 한국정보통신진흥협회가 역할을 하기로 한 사례를 참조할 만하다. 단독으로는 정보전송의무를 수행하는 것이 효율적이지 않은 중소규모 사업자들의 경우, 통신사와 같이 협단체 등을 활용하는 방안을 고민해 볼 수 있다.

마이데이터 및 데이터 공유·공개에 관한 정책의 불확실성 완화

시장에서 사업이 활성화될 수 있도록 지원하기 위해 정부가 해야 할 가장 중요한 일은 불확실성을 제거하여 주는 것이다. 마이데이터 사업은 제도화되어 추진되고 있으나, 한편으로는 산업 진흥 측면과 개인정보보호 측면의 가치가 대립하고 있기 때문에, 중요 사항에 대한 명확한 정책 방향 제시가 더욱 절실히 요구된다.

금융 이외 타 분야로 마이데이터 사업이 확대될 것인지, 그 경우 기본 구조는 금융 마이데이터 사업과 유사할 것인지가 금융 마이데이터 허가 진입 여부를 고민하는 많은 사업자들이 궁금해 하는 부분이다. 또한, 데이터 공개·공유에 관한 다양한 규제 법안들이 발의되고 있는 바, 이런 규제 법안이 마이데이터 사업에 대해 지니는 영향에 대하여 주무부처의 입장도 명확히 할 필요가 있다.

마이데이터의 시대가 온다

첫째, 금융 이외 타 분야로 마이데이터 사업이 확대될 것이라는 정책적 움직임은 시장에 어느 정도 소통되고 있다. 그러나 금융 마이데이터 사업에서 만들어진 기본 구조를 유지할 것이냐 하는 점은 불확실성이 매우 높다. 현재 발의된 정부안 「개인정보 보호법」 개정안에 따를 경우 전 분야에서 마이데이터 사업이 가능한 것으로 해석되고, 큰 틀은 「신용정보법」과 크게 다르지 않아 보인다.

하지만 각론을 담당할 주무부처들이 각 분야 마이데이터 사업에 대하여 고민하고 있는 방향은 금융 마이데이터와 크게 다른 부분도 존재하는 것으로 파악된다. 마이데이터 사업 허가를 받을 수 있는 사업자의 자격 요건 제한 여부(대형 사업자, 지배력 있는 사업자의 제외, 공공성 있는 기관으로 한정 등), 정보전송의무사업자의 지정 여부 및 범위 등에 대하여 분야별로 다양한 의견이 논의되는 단계로 보여진다.

타 분야 마이데이터 사업이 어떠한 방식으로 전개될 것이냐에 따라서, 다양한 시장 참여자들의, 금융 마이데이터 사업 진입 여부, 제휴 여부, 정보전송 협조 정도 등이 영향을 받을 것이다. 모든 분야에서 동일한 속도로 마이데이터 제도화가 진행되기 어려운 것이 현실이라면, 일반법 격인 「개인정보 보호법」 개정 과정에서 이러한 대원칙적 성격을 지니는 사항에 대한 입장을 명확히 하는 방식이 시장에 예측 가능성을 높여주는 현실적 대안일 것으로 판단된다.

둘째, 마이데이터 사업에 따를 경우, 이용자의 적극적인 정보전송요구권 행사가 보장되어, 제3자인 사업자 입장에서 데이터 독점에 대한 이슈를 제기할 여지가 축소된다. 즉, 이용자가 동의할 경우, 법령이 정한 자격을 갖춘 제3자는 타 사업자가 기획, 수집한 데이터에 접근할 수 있는 권한을 보유하게 된다. 이 제3자적 사업자의 지위를 획득하는 진입장벽도 현행 제도상으로는 높지 않은 편이다. 이렇게 마이데이터 제도화를 통해 이용자의 데이터에 대한 주권 행사 활성화뿐만이 아니라, 산업 생태계 차원에서도 타 기업의 데이터를 활용할 기반이 조성된 것이다.

한편, 미국과 유럽의 GAFA 독점력 및 규제를 위한 논의에서 데이터 공개, 공유가 주요한 이슈로 논의되고 있고, 우리 국회에도 유사한 내용의 법안들이 발의되어 있다. 동 법안들을 논의함에 있어서는 플랫폼 기업에 대한 규제 필요성에 대한 논의 외에도, 규제 목적을 달성을 위해 현행 제도가 어떻게 정비되어 있는지에 대한 검토가 우선적으로 진행되어야 한다.

마이데이터 사업은 전통 대기업 및 플랫폼 기업 모두를 대상으로 데이터를 제공해야 하는 의무를 부과하고 있다. 마이데이터 사업을 고려하지 않고 데이터 공개 의무, 제3자 접근권 제도가 신설될 경우, 굳이 많은 행정 비용을 투입해 가며, 마이데이터 사업의 허가를 받을 이유가 없어진다. 현재는 금융 분야에 한정되어 있으나, 이미 일반법적인 제도화가 시행되고 있기 때문에, 더욱 데이터 공개, 제3자 접근권 보장에 대한 별도 입법화에 대하여 신중해야 하며, 주무 부처는 마이데이터 제도와의 관계를 고려하여 명확한 입장을 견지해야 한다.

▌마이데이터 사업자 제공 서비스의 미래

KB금융지주 전무 조영서

금융산업의 경우는 부실 방지를 위해 전업주의 업무규제가 강한 편이다. 다만, 금융관련 법령은 업종 간 융합 또는 이업종의 진출이 원활하도록 고유 업무 이외 겸영·부수업무를 허용하는 방식으로 열거주의를 극복하고 인허가와 관련된 고유 업무 외에 다양한 업무가 가능하도록 허용하고 있다.

금융분야 마이데이터 사업도 여기에 해당하는 바, 「신용정보법」상 고유 업무 외에 부수·겸영업무를 허용하고 있어 이를 기반으로 구현 가능한 사업모델들을 살펴볼 수 있다. 향후 비금융분야 마이데이터에서도 이를 참고해 다양한 사업모델을 구상할 수 있을 것이다.

금융분야의 마이데이터 사업자

개정 「신용정보법」에서는 본인신용정보관리업의 고유업무를 '정보주체의 권리행사에 기반하여 금융회사·공공기관 등으로부터 받은 본인의 신용정보를 일정한 방식으로 통합하여 정보주체 본인에게 제공하는 업무'라고 정의하고 있다.

하지만 신규 인허가 사업자들 중 다수가 타 업무를 본업으로 하고 있는 기존 사업자들이기 때문에 당국은 겸영업무를 확대하는 방식으로 기존 사업자들에 대해 금융 마이데이터 사업에 참여할 수 있는 기회를 열어놓았다.

투자자문·일임업자는 물론 전자금융업자, 신용정보업자, 금융업자부터 법률상 금지하지 않은 모든 비금융업자까지 마이데이터 사업에 진출할 수 있게 한 것이다.

한편 허가받은 사업자에게는 폭넓은 부수업무를 허용하고 있는데, 열거된 부수업무 범위 내에서 다양한 마이데이터 서비스들이 사업화로 이어질 수 있다.

데이터분석 및 컨설팅 업무, 개인신용정보 관리업무, 전송·고지·열람의 대리행사 업무, 연구·조사용역 업무, 본인인증·확인 업무, 가명·익명처리 업무, 데이터 판매·중개업무 등이 당국이 설정한 부수업무에 해당한다.

사업자들은 이러한 업무영역 범위 내에서 이종 데이터 간 결합·분석을 통해 혁신적인 자산관리 서비스 개발과 수익사업화가 가능할 것으로 전망된다.

개인신용정보를 활용해 가능한 사업모델을 살펴보면 △데이터 분석 △통합관리 △데이터 전송중개 △데이터 유통 △본인 인증 등으로 구분 가능한데 크게는 데이터의 수집·분석 영역과 데이터 유통·인증 영역으로 나누어 볼 수 있다.

　　　　　　　　　　　　　　　마이데이터의 시대가 온다

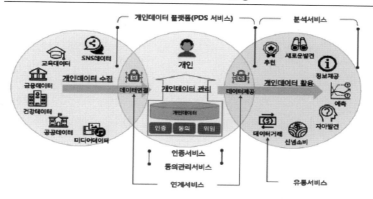

〔그림 14〕 마이데이터 서비스 유형

    우선 마이데이터 사업 초기에는 데이터를 수집·분석해 상품을 비교 추천하거나 금융자산을 종합적으로 관리해주는 사업모델이 주류를 이룰 것으로 보인다.

    마이데이터 시행 전에도 금융정보를 집중화시켜 분석 및 상품추천 서비스를 제공하는 Aggregator 사업자들이 있었다. 하지만 개인정보이 동권과 API 방식에 기반해 300가지 이상의 개인데이터 수집이 가능한 본인신용정보관리업을 통해서는 Aggregator를 넘어 종합자산관리나 초 개인화 서비스가 가능할 것으로 예상된다.

    금융권에서는 금융자산은 물론 부동산, 자동차 등 통합자산 현황을 보여주는 자산관리서비스가 은행을 중심으로 제공되고 있다. 또한 펀 드 등 가입 투자상품 전체의 성과를 분석해주고 포트폴리오를 관리해 주는 증권사의 투자분석서비스, 건전한 소비지출은 물론 구독서비스

관리까지 지원하는 카드사의 지출관리서비스 등도 업권별로 특색있게 제공되고 있다.

한편 핀테크 기업들은 기존의 **PFM**(Personal Financial Management) **Aggregator** 서비스에서 한 차원 더 진화한 서비스들을 선보이고 있다.

자산관리와 유전자 분석을 결합한 재무·건강관리 서비스를 제공하거나 200만 개가 넘는 보험상품의 약관과 보장내용을 분석해주고 간편 청구서비스를 제공하는 것은 물론, 투자고수의 포트폴리오를 엿보고 따라하거나 가상자산 현황까지 관리해주는 차별화된 사업모델들이 핀테크 기업들을 통해 출시되고 있다.

추후에는 데이터 유통과 관련하여 동의조건 설정, 동의내역 변경 등을 관리해 주는 동의관리 사업과 통합인증서, 생체정보 등으로 신원확인 서비스를 제공하는 본인인증 사업이 활성화될 것으로 예상된다.

의료분야의 마이데이터 사업자

의료분야의 경우는 해외 선도국들과 같이 먼저 '의료IT 인프라 구축' 사업을 추진한 후에 민간사업을 활성화할 수 있을 것이다.

데이터 기반의 헬스케어 선진국인 미국, 핀란드의 경우, 개인건강기록 서비스를 위한 의료IT 인프라 구축사업이 우선 추진되었으며 이후 수익성 있는 사업모델 개발이 민간 주도로 진행되었다.

의료분야의 경우 금융공동망과 같은 정보공유 인프라가 구축되어 있지 않기 때문에 의료데이터를 모으거나 중개할 수 있는 공공성이 강한 플랫폼 구축이 시급하며 민간 데이터 중개업자가 참여할 수 있는 표준화 작업이 필요하다.

마이데이터의 시대가 온다

보건복지부가 추진 중인 의료 데이터 플랫폼, 마이 헬스웨이도 의료 IT 인프라 구축 사업의 일환으로 의료분야 마이데이터 추진의 첫 단추로서 중요하다 할 수 있을 것이다.

한편 인프라 구축사업 이후, 민간 진출 활성화를 위해 금융분야와 같이 겸영업무 방식을 도입하고자 할 경우, 데이터 활용기관으로 진출이 예상되는 업권들을 겸영업무에 포함시킬 수 있다.

우선 의료IT 업계와 EMR(Electronic Medical Record) 솔루션 업계, 보험사, 제약사 등 의료기관과 연계된 업종들이 겸영업무에 해당될 수 있다. 또한 헬스케어 서비스를 운영 중인 통신사, 단말기·웨어러블 제조사, 건강관리 앱 개발자 등도 비의료기관 겸영 대상 사업자로 설정할 수 있다.

이와 함께 마이데이터 활용기관들의 수익사업을 위해 △진료지원서비스 △진료기록 관리 및 분석진단 △건강관리 서비스 △의료 데이터 수집·분석·치료 등 4가지 업무영역을 부수업무로 둘 수 있을 것이다.

각 부수업무의 특징과 실제 비즈니스 사례는 아래와 같다.

첫째, 진료지원서비스는 의사의 진료 전·후 단계들이 통합되어 편의성을 높인 인터페이스 제공이 가능하며 진료 프로세스 중 특정 부분을 전문화한 사업들이 가능하다.

대표적인 사례로 북미의 비대면 병원 체크인 시스템 구축기업인 Phreesia를 들 수 있는데, 내원접수 프로세스를 PHR과 연계하여 모바일 셀프 체크인이 가능한 온라인 인터페이스를 제공하고 있다. '예약-접수-등록-처방-보험-지급결제'까지 환자가 모바일로 처리할 수 있는

워크 플로어를 설계하며 건강증진 프로그램도 제공한다.

둘째, 진료기록 관리 및 분석진단 부수업무는 의사들의 진료기록을 통합 수집하고 분석하여 증상을 진단하는 서비스이다.

Picnic은 만성질환 환자의 전자동의 하에 지금까지 진료받은 의사들로부터 모든 진료기록을 모아 관리·분석하며, 분석 후에는 CT분석 등 시계열에 따라 증상 진단까지 가능한 사업모델을 영위하고 있다.

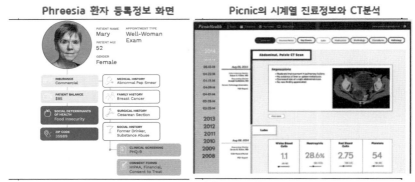

[그림 15] 의료데이터 활용 서비스

셋째, 건강관리 서비스는 건강관리 기기와 앱을 통해 건강상태를 모니터링하고 웰니스를 유지하게 해주는 다양한 플랜과 콘텐츠를 제공하는 부수업무 영역이다.

Rally Health는 미국의 대표 건강보험사인 UnitedHealth 그룹이 론칭한 헬스케어 플랫폼이자 자회사로, 병원 EMR, 약국체인 DB와 연계한 의료 데이터에 기반한 건강 프로그램 및 보험료 할인 리워드 사업을 통해 선도 헬스케어 기업으로 성장 중이다.

마이데이터의 시대가 온다

마지막으로 의료 데이터 수집·분석·치료 업무는 방대한 규모의 의료 데이터 수집 프로세스 또는 축적된 데이터를 분석·진단해 치료용 소프트웨어를 제공하는 업무영역이다.

치료용 소프트웨어로 유명한 Welldoc은 환자의 일상생활 데이터, IT 기술, 원격진료 등을 융합해 만성질환 및 신경장애를 효과적으로 치료하는 스타트업이다. 의학성 장애 또는 질병예방·관리를 위해 디지털 치료제(Digital Therapeutics; DTx)로 알려진 소프트웨어를 개발하고 있다.

공공분야의 마이데이터 사업자

공공분야의 마이데이터는 공공기관이 보유한 개인정보를 대상으로 하므로 그 범위가 폭넓은 반면 공적기록과 관련된 정보의 특성 때문에 민간이 직접 수익사업을 펼치기는 쉽지 않은 분야이다.

근거법인 「민원처리법」 개정안과 「전자정부법」 개정안에서도 민원인의 정보 공동이용, 본인 행정정보의 전자적 제공 허용 등 행정 서비스 절차 간소화에 초점이 맞추어져 있어 겸영·부수업무 방식으로 사업모델을 제안하는 데는 한계가 있다.

이에 해당분야 진출 사업자들은 공공데이터 활용기관으로서, 개인이 공공서비스 신청시 간소화된 각종 제증명(구비서류) 데이터세트 제공절차를 대신 처리해주는 '공공서비스 간편신청·활용' 마이데이터 사업을 초기 사업모델로 영위할 수 있을 것이다.

이를 위해 본인인증 절차와 발급받은 전자증명서의 보관 공간이 필요한데 주요 사업자들이 최근 민간인증서와 전자지갑을 갖추고 가입자 확대 경쟁을 펼치고 있는 것은 이러한 이유 때문이다.

한편 해외에서는 행정절차 간소화를 넘어 공공데이터를 활용해 새로운 가치를 창출하는 서비스들이 민간에서 개발되고 있다. 교육, 교통, 전기에너지, 의료, 금융 등의 공공재 영역을 중심으로 공공데이터를 활용한 혁신 서비스들이 G2B2C 방식의 새로운 수익모델을 창출할 수 있을 것으로 기대된다.

예를 들어, 교육영역에서는 교육당국이 보유한 교사의 교수방식, 학생의 학습행태·성취도, 지역별 교사·학생·학교 분포 자료를 통해 개인 맞춤형 학습플랜 설계, 효율적 학생−교사 매칭, 학자금대출 심사 등에 활용하는 서비스들이 만들어질 수 있다.

또한 교통영역에서도 위치 센서를 활용한 버스·열차 위치와 도착·지연 시간 알림, 목적지 최적경로 및 교통수단 제안, 주된 교통수단에 대한 할인 서비스 등을 통해 통근자의 교통비와 시간을 절감하고 교통정체 해소에도 기여할 수 있을 것이다.

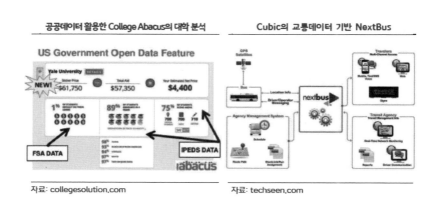

[그림 16] 공공데이터 기반 서비스

마이데이터의 시대가 온다

마이데이터 산업 간 융합 방안

KPMG 조재박 본부장

데이터를 소유한 국민들에게 권리를 되돌려 주고, 데이터의 폭발적 증가에 따른 활용 요구가 높아짐에 따라 글로벌하게 마이데이터 도입이 시작되어 왔다.

유럽에서는 2018년 GDPR(General Data Regulation Protection)과 오픈뱅킹(Open Banking)을 토대로 금융업에서, 미국은 2011년 스마트공시(Smart Disclosure)를 시작으로 의료, 에너지, 교육에 대한 마이데이터를 추진하여 왔다.

그러나 일부 산업에 한정되어 있고, 데이터 개방 의무가 상대적으로 낮다는 한계가 존재한다. 이 글에서는 데이터 융합에 있어 한국의 마이데이터 특징을 살펴보고, 글로벌 사례를 통해 시사점을 알아본 후, 마이데이터 선도 국가로 가기 위한 융합 활성화 방안을 제언한다.

대한민국 마이데이터 - 금융을 넘어 공공과 비금융으로

한국은 2022년 1월에 API 기반 금융 마이데이터를 처음 시작하게 된다. 정보주체의 동의를 받는다는 전제하에, 필수적으로 제공해야 하는 데이터의 범위 및 수준이 가장 넓고 깊으며, 시스템 안정성과 보안 요건을 갖춘 마이데이터 사업자 수도 월등히 많다. 또한 금융을 필두로 공공, 의료, 통신, 교육 등 다양한 분야로 확산을 계획하고 있으며, 특히 「개인정보 보호법」 개정안에서 개인정보에 대한 전송요구권을 담고 있기 때문에 향후 전 산업으로 확대할 수 있는 법적 근거가 마련이 된다.

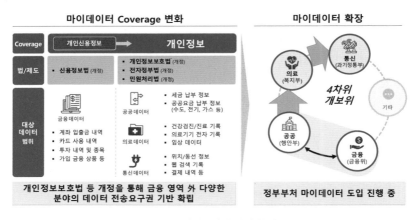

〔그림 17〕 마이데이터 범위 확장

따라서 우리가 마이데이터 도입이 가장 먼저는 아니었지만, 가장 체계적이고 넓은 범위로 도입하고 있으며, 마이데이터 융합에 있어서 최선의 환경이 준비되고 있다고 평가할 수 있다. 4차 산업혁명 시대를 살면서 기존 업종과 기술의 경계가 사라지고 합종연횡을 통해 새로운 가치를 창출하는 모습을 보아 왔다. 따라서 마이데이터에 있어서도 융합을 통해, 국민들이 기존에 몰랐던 혜택과 서비스를 체감하고, 민간기업들의 데이터 활용 역량 및 수준을 제고할 수 있다.

금융 마이데이터를 살펴보더라도, 영국은 상위 9개 은행의 데이터만 API 기반으로 제공하면서 시작한 반면, 우리나라는 은행, 보험, 증권, 카드 등 전 금융 산업에 있어 주요 데이터에 대한 API를 동시에 제공할 예정이다. 따라서 기존에 여러 건의 대출을 받아 이자를 비싸게 낸 경우, 더 좋은 조건의 대환 대출 오퍼를 받을 수 있는 기회가 생긴다. 또한 생애 전반의 자산관리에 있어서도 현금 흐름, 보험 보장 수준 및 노후 대비를 고려하여 종신 보험이 좋을지 정기보험과 적립식 펀드 조합이 좋을지에 대한 추천을 받을 수 있다. 따라서 고객 입장에서는 생애 전반의 금융 자산관리, 현재 보장과 노후 대비의 최적 균형점을 찾는 입장에서 괄목할만한 서비스를 기대할 수 있다. 그렇지만 여전히 금융에 국한되어 있기 때문에 매우 혁신적인 변화를 체감하기에는 한계가 있다.

그러면 금융 외에 공공·의료·통신 등의 마이데이터가 융합된다면 어떻게 될까? 금융과 공공이 융합된다면 대출 또는 소상공인 지원금 신청 시 여러 기관을 찾아다니면서 수많은 서류를 하나하나 구비할 필요성이 줄어들고, 또한 절차의 신속성 및 안정성이 강화될 것이다.

또한 금융과 의료 데이터가 결합된다면 기존 금융 일변도의 자산관리에서 벗어나 금융 자산과 건강 자산을 균형 있게 관리하는 길이 열리게 된다. 아울러 건강관리를 잘하고 있다면 추가적인 혜택 또는 우대 받을 수 있는 기회가 생기게 된다. 향후에는 여러 업종이 융합되어 국민들이 편하게 활용할 수 있는 원스톱 상품 및 서비스의 출현도 기대된다.

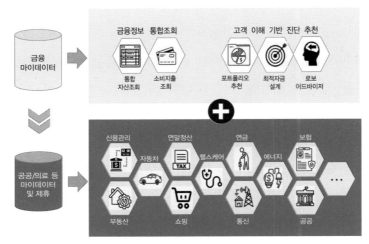

〔그림 18〕 마이데이터 범위 확장

글로벌 데이터 융합 사례

시가총액 기준으로 글로벌 10대 기업을 살펴보면, 구글, 애플, 아마존, 페이스북과 같이 개인과 기업의 데이터를 전방위적으로 잘 활용하여 선도적인 기업으로 부상하여 왔다. 최근 글로벌 사례를 살펴보면, 기존에 영위하던 비즈니스 영역의 확대 및 시너지 창출을 위한 제휴를 통해 데이터를 융합한 사례를 관찰할 수 있다. 다만 우리나라처럼 주요 산업 전반에 걸쳐 마이데이터를 도입하지 않았기 때문에, 마이데이터 융합이라는 측면에서는 한계가 있지만, 데이터 융합의 가능성을 엿보는 측면에서는 살펴볼 가치가 있다.

마이데이터의 시대가 온다

먼저 금융과 건강 데이터를 연결한 사례로는 미국의 최대 건강보험사인 UHG(UnitedHealth Group)와 남아프리카공화국의 디스커버리(Discovery)가 있다. UHG는 금융, 보험, 라이프스타일, 건강 정보를 융합하여 고객 특성을 2,000개 이상으로 세분화하고, 고객의 생애 주기에 맞는 노후 대비 솔루션을 제시하고 있다. 이를 토대로 디지털 헬스케어 서비스인 옵텀(Optum)을 통해 건강관리 솔루션, 처방전 기반 원격조제 및 배송, 데이터 분석 서비스를 제공하고 있다.

디스커버리의 경우 고객의 활동, 운전, 금융, 건강생활 습관을 토대로 고객 등급을 산정하여 리워드를 제공하고 이자율 산정에도 반영하고 있다. 또한 지난 20년 이상 누적된 데이터를 분석하여 고객의 생활습관과 보험 성과 간의 상관관계를 밝혀내고 활용함으로써, 고객의 잘못된 습관을 개선하도록 유도하고 회사 입장에서는 보험 손해율을 개선하고 있다. 국내에서 유례없이 빠른 고령화와 팬데믹으로 인한 불확실성이 높아지는 가운데, 선제적인 헬스케어 및 노후 대비를 할 수 있다는 차원에서 개인, 기업, 국가 모두에게 시사하는 바가 크다.

금융과 플랫폼 데이터를 융합한 사례로는 중국의 위뱅크(WeBank)를 들 수 있다. 위뱅크는 중국의 카카오톡인 위챗(WeChat)을 운영하는 텐센트가 최대 주주이며, 신용 대출 심사 시 금융정보 이외에 위챗에 등록되어 있는 친구들의 평균적인 신용정보와 차단된 횟수 등을 종합적으로 고려하고 있다. 우리나라와는 규제 환경이 다르지만, 신용이 낮거나 이력이 부족한 고객들에게 제도권 대출을 이용할 기회를 준다는 점에서 데이터의 융합이 만들어 내는 새로운 가치라고 볼 수 있다.

국내에서도 플랫폼과 관련된 수많은 정보들이 향후 마이데이터를 통해 활용될 기회가 열린다면 위뱅크보다 혁신적인 서비스의 출현도 기대해 볼 수 있을 것이며, 결국 국민의 혜택 증진과 연관 산업의 글로벌 경쟁력 강화에도 기여할 것이다.

끝으로 개인 데이터 전반에 대한 수집부터 저장, 활용까지 전 과정을 서비스하는 사례로는 영국의 디지미(digi.me)와 미국의 UBDI(Universal Basic Data Income)가 있다. 영국에서 2009년 설립된 디지미는 개인정보 저장소(Personal Data Store)를 제공하며 금융, 페이스북과 같은 플랫폼, 의료 및 헬스케어, 유튜브 플레이 리스트와 같은 정보를 개인이 지정하는 클라우드 저장소에 모아서 보관하고, 그러한 데이터를 원하는 앱에 공유할 수 있다. 아직은 시작 단계지만 정보주체인 개인이 보유한 데이터를 가지고 개인재무관리, 질병모니터링, 헬스케어 앱 등에 활용할 수 있다. 아울러 향후에는 데이터를 통해 창출하는 가치를 개인과 기업이 나눠서 향유할 수도 있을 것이다.

UBDI의 경우 아직 초기 단계이나, 데이터 주권을 정보주체로 환원하면서 그에 따른 수익을 되돌려 주는 개념을 내세우고 있다. 금융, 의료, 웨어러블, SNS, 디지털 자산 등 데이터를 연결하고. 개별 설문을 통해 개인성향 데이터 추가 입력이 가능하다. 이를 통해 흩어진 데이터를 모아서 보여주는 데이터 뱅크 기능 외에 데이터 제공 및 서베이 참여를 통한 리워드 획득이 가능하다. 향후 우리나라에서 마이데이터가 본격화되고 융합된다면, 보다 체계적이고 안전한 개인데이터 저장소가 출현하여 국민들이 직간접적인 혜택을 누릴 것으로 보인다.

마이데이터 글로벌 선도를 위하여

글로벌 사례에서 살펴본 것처럼 데이터의 융합이라는 측면에서 우리보다 앞서 시작된 건 사실이지만, 우리가 추진하고 있는 마이데이터 제도의 범위나 파급력이 훨씬 크기 때문에 융합을 활성화할 수 있다면 국민이 느끼는 체감 효과 및 데이터 산업 경쟁력 측면에서는 한국이 전 세계적으로 가장 앞서 나갈 수 있다.

따라서 지금까지 정부 각 부처 중심으로 추진해 왔던 마이데이터에 대해 범정부 컨트롤 타워를 두고 민간과 적극적으로 협업하면서 아래 사항에 대한 중점적인 추진이 필요해 보인다.

첫째, 정부와 민간이 합동으로 선도적인 마이데이터 융합 Use Case를 적극적으로 발굴해야 한다. 이를 통해 국민들에게 마이데이터의 필요성과 중요성을 알리는 동시에, 민간 기업에게는 해당 융합 사례가 제도적으로 가능하고 이를 토대로 확대 발전시킬 수 있다는 동기 부여를 할 수 있다.

둘째, 정부 부처 간 마이데이터 인허가 일관성 및 상호호환성 제고가 필요하다. 민감 정보의 보안을 철저히 지킨다는 전제하에, 이미 특정 분야에서 마이데이터 사업을 영위하는 기업이 다른 분야로 진출을 원할 시 심사 일정 간소화 및 물적 요건 기준 완화 등을 고려해 볼 수 있다.

셋째, 4차산업혁명위원회, 개인정보보호위원회, 각 관련 부처가 연계하여 지속적인 데이터 표준화를 실행해야 한다. 비교적 표준화 수준이 높은 금융 마이데이터에 대해서도 API 확정 및 데이터 표준화에 약 2년이 걸렸기 때문에, 관련 부처가 모여서 같이 중장기적으로 실행할 수 있는 조직 체계 및 동기 부여를 위한 KPI를 만들어야 한다.

넷째, 마이데이터 활성화를 위해서는 정보주체인 국민의 참여, 민간 기업의 관심이 가장 중요하기 때문에 이를 위한 인센티브를 고민할 필요가 있다. 국민들 입장에서 기존에 몰랐던 혜택과 서비스를 받는 것 외에, 본인 동의하에 데이터 활용에 따른 추가적인 보상을 받게 되고, 기업 입장에서도 융합 서비스에 대한 규제 샌드박스 등을 적극적으로 활용할 수 있게 된다면 마이데이터 선도 국가로 가는 길이 빨라질 것이다.

다섯째, 민간에서도 데이터에 대해서 전면적인 시각 전환이 필요하다. 예전보다는 데이터의 중요성을 잘 인지하고 있지만, 아직도 데이터의 활용보다는 수집 자체, 또한 단기적인 수익 창출에 얼마나 기여했는지를 위주로 보고 있다. 향후에는 마이데이터 융합 시, 기업이 갖고 있는 현재와 미래의 고객 접점에서 어떠한 서비스를 제공할 지를 우선 고민해야 하며, 평가 지표도 단기 매출 및 수익과 같은 현재 가치(Current Value) 외에, 고객 인입과 인터랙션(Interaction)의 활성화 수준, 고객 접점

마이데이터의 시대가 온다

의 확대와 같은 미래 가치(Future Value)와 관련된 지표를 적극적으로 고려해야 한다.

마지막으로 정부가 마이데이터를 다방면으로 준비하고 있는데, 전체 로드맵에 대해 민간이 중요도를 인지하고 사전적으로 준비할 수 있도록 해야 한다. 정부가 마중물 역할을 할 수는 있지만, 민간의 대규모 투자에 대한 의사결정과 혁신적인 비즈니스 모델 발굴, 정보주체인 국민의 이해 및 동의가 적시에 어우러져야 마이데이터 도입 및 융합이 성공할 수 있다. 따라서 정책 방향 및 로드맵, 의지에 대해 적극적인 사전 커뮤니케이션을 통해 예측 가능성을 높이고 준비할 수 있는 시간을 주는 게 필요하다.

우리나라가 하드웨어에 대해서는 글로벌 선도를 하고 있지만, 아직까지 데이터가 주축인 소프트웨어 역량에 대해서는 많은 발전 및 투자가 필요하다. 현재 글로벌 최고의 기업을 봤을 때도 데이터를 가장 잘 다루는 회사가 자리매김하고 있는 것을 볼 수 있다. 마이데이터 도입 및 융합을 통해, 우리가 세계에서 데이터를 가장 잘 활용하는 역량을 갖춘 국가가 되어 디지털 시대를 선도하고, 또한 국민들에게 데이터 경제의 효익을 나눌 수 있기를 기대한다.

분야별 마이데이터 연결 및 보안

지니언스 이동범 대표

국내의 마이데이터 사업은 본격적으로 2022년 1월부터 금융 마이데이터를 시작으로 공공, 의료, 통신, 교육 등 다양한 분야로의 확산을 계획하고 있다.

마이데이터 사업은 우리나라가 제일 처음 시도한 사업 분야는 아니지만, 정부의 데이터 중심 경제로의 전환 정책에 힘입어 세계에서 가장 빠르게 진행되고 있고, 가장 체계적이며, 가장 폭넓은 영역으로 확대되고 있다.

마이데이터 사업이 단순히 사업에 참여자들 뿐만 아니라, 데이터를 기반으로 하는 혁신적 서비스가 국민들의 삶을 윤택하게 개개인에게 편리성을 제공하는 서비스로 자리매김 할 것 이다.

본 장에서는 전 산업분야에서 데이터 활용도를 높이고, 데이터 경제 활성화를 위한 민관협력이 범국가적 차원에서 추진되고 있는 현시점에 디지털 플랫폼과 관련한 국내외 규제 동향을 살펴보고, 데이터 산업 발전을 위한 고려사항에 대해서 살펴보고자 한다.

서비스 효율성 VS 보안

마이데이터 사업을 시작하면서, 서비스 사업자나 정부 정책 기관들 모두 개인의 정보 활용을 기반으로 영위되는 사업이기에 보안의 중요성은 아무리 강조해도 지나치지 않는다.

한국데이터산업진흥원의 19년 마이데이터 현황 조사[107]에 따르면, 국민의 89.3%가 개인정보 활용의 중요성에 공감하고 있으며, 마이데이터 서비스에 대한 부정적인 요소 중 가장 큰 부분은 "개인정보 유출의 불안감(55.5%)"이 가장 큰 저해, 걸림 요소로 나타나는 것으로 파악됐다.

21년도 4월, VISA에서 조사한 마이데이터 소비자 인식 조사[108] 결과에서도 '마이데이터에 관심을 가지는 않는 이유'의 1위 역시 내 개인정보가 노출(59.7%)되는 것이 우려되어서라고 조사됐다.

결국 정부 정책 당사자, 마이데이터 사업자, 국민들 모두 안전한 개인정보 활용이 마이데이터 사업의 기초 공사라 생각하고 있다. 아무리 멋있고, 높이 올린 건물이라도 기초가 부실해서 흔들리게 되면 높고 멋지게 지은 건축물이 재앙이 될 것이라는 것을 인지하고 있기 때문이다.

결국 마이데이터가 국민들에게 삶의 질을 향상시켜 줄 수 있는 서비스로 발전하기 위해서는 개인의 정보를 활용하여, 각 개인에게 얼마나 실질적인 혜택을 줄 수 있는 서비스를 만들어 내는가와 함께 위탁하고

---

107) 한국데이터산업진흥원, 「2019년 마이데이터 현황조사」, 2019.12.
108) 박윤호, 「금융서비스 이용자 10명 중 8명 "마이데이터가 뭐죠?"」, 전자신문, 2021.04.29.

동의한 개개인의 정보를 얼마나 안전하게 보안 관리하는지 여부에 달려 있다.

자동차와 보안

데이터가 유용하게 활용되려면 서로 연결되고 연결된 네트워크 내에서 자유롭게 흘러 다녀야 데이터의 효용 가치가 높아지게 된다.

그러나 100% 안전한 보안이란 존재하지 않는다. 자동차를 예로 들면, 자동차가 개인의 이동성에 큰 혜택을 주고, 많은 사람들이 자동차를 사용하고 있는 시점에서 우리 일상에 자동차가 없는 삶을 상상하기 힘들다.

하지만, 도로에 자동차가 많아짐에 따라 크고 작은 사고가 발생하는 것은 어쩔 수 없다.

자율 주행 기술의 수준이 높아지고, 첨단 IT기술로 무장하고, 브레이크 등 제어 시스템의 성능이 발전하면 사고의 피해를 줄일 수 있겠지만, 단순한 접촉 사고까지 줄일 수 없는 것과 비슷한 이치이다.

도로에 자동차가 달리고, 네트워크상의 개인의 정보가 흐르게 되면 사고는 발생할 수밖에 없다. 그러나 우리가 자동차를 운전하는데 사고 발생 가능성이 있다고 운전을 포기하지 않는 것처럼, 마이데이터 사업도 다량의 개인정보가 유출되는 사고가 발생하지 않는 데에 중점을 두어야 한다.

또한 자동차를 운전하다가 가벼운 사고가 나도 우리가 크게 두려워하지 않는 이유는 보험이라는 제도가 있기 때문이다. 보안을 사고 예방에만 초점을 두는 하나의 사례로 이해하면 된다.

마이데이터의 시대가 온다

그러나 보안을 관리 프로세스 영역으로 가져오게 되면 보안은 사전 예방·탐지·사고 복구 및 대응이라는 연속적이고 순환적인 체계로 이해하고 관리해야만 실질적인 보안 사고를 줄여나갈 수 있다.

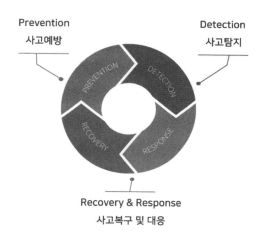

Prevention
사고예방

Detection
사고탐지

Recovery & Response
사고복구 및 대응

〔그림 19〕 보안 관리 프로세스

자동차 사고와 다르게 보안 사고는 사고 시점에 즉시 사고 발생 여부를 확인할 수 없는 경우가 대부분이다, 그러므로 사고 예방 활동과 더불어 사고의 탐지 프로세스도 중요하다, 사고 발생 후 즉각적인 탐지는 더 큰 사고를 예방할 수 있게 된다.

자동차를 운전하다가 가벼운 사고가 날 수 있지만, 우리가 운전대를 포기하지 않는 이유 중 하나는 자동차 보험이라는 제도를 가지고 있기 때문이다.

100% 안전한 보안이란 없다는 가정 하에 사고 발생 시 피해자에게 보상할 수 있는 시스템과 제도 확립이 사전 예방 활동에 못지않게 중요하다.

사전 예방 위주의 기존 금융 거래 시스템에서의 거래 보안 사고는 대부분 사용자의 책임으로 결론이 난다. 그러다보니 보안 사고에 개인 사용자들이 더 민감하게 반응하고 운전대를 잡기 꺼려 지는 것일 수 있다.

　미국의 대표적인 간편 결제 서비스인 페이팔(PayPal)은 보안에 많은 투자를 하지만, ID와 패스워드만으로 서비스 한다. 그러므로 필연적으로 사고를 경험하게 된다. 그러나 우리나라와 달리 사용자를 보호하는 제도와 시스템을 갖추고 있고 서비스 업체에서 피해 금액을 전액 보상하기 때문에 시스템을 사용하는 사용자는 안심하고 서비스를 사용할 수 있게 된다. 미국 페이팔의 경우에는 1년에 사용자 피해 보상 금액으로 1조원 이상을 지출하는 것으로 알려져 있다.

　마이데이터 사업 역시 사전 예방 중심의 보안성을 강조하다보면, 마이데이터 사업에 진입할 수 있는 기업들의 진입 장벽이 높아지며, 해당 서비스의 사용자는 서비스 활용에 불편을 겪게 되어 서비스가 활성화 되기 어렵다.

　따라서 마이데이터 사업의 발전을 위하여 효율성과 보안성에 적절한 균형이 필요하며, 그 보안성도 사전 예방 중심뿐만 아니라 사고 위협 탐지와 사용자를 보호하고 보상할 수 있는 시스템을 구축하여야 한다.

마이데이터의 연결 – CI

마이데이터는 흩어져 있는 다수의 정보제공자로 부터 사용자 개인의 정보를 한 곳에 모아 서비스를 제공하므로 각 개인의 특정하고 식별할 수 있는 인식자를 필요로 하게 된다.

A라는 특정 개인이 각각의 정보 제공자에게 저장된 형태는 주민번호, 카드번호, 전화번호 등 각각 다르게 될 수 있다. 예전에 우리나라는 통상적으로 주민번호가 개인을 고유하게 식별할 수 있는 Key로 사용되었었는데, 온라인의 각 사이트마다 매번 주민번호를 요구하게 되고 이것은 개인정보 유출 사태로 이어지는 경우가 많았기에, 주민등록번호를 대신 할 수 있는 CI(Connecting Information, 연계 정보)가 대체수단으로 도입되었다.

CI값은 주민등록번호를 특정 키값과 함께 해시 함수에 넣은 결과 값으로 88byte 의 영어 대소문와 특수문자를 조합한 형태를 가지게 된다. 주민등록번호와 CI 값은 1:1 매칭 관계이나, 해시함수(역함수)의 특성으로 인하여 주민번호에서 변환된 CI값을 가지고 해당 주민번호를 특정하거나 유추할 수 없게 구성되어 있다.

그러나 CI는 모든 기업이나 기관에서 사용하거나 보유하는 것이 아니고, CI와 관련된 법적 근거와 본인 확인 기관 선정 기준의 불투명하다는 지적이 제기된다.

또한 CI를 통해 단순한 방법으로는 주민번호를 유추할 수 없지만, CI를 공유하는 기업과 기관이 많아질수록 CI값에 대한 보안성은 떨어질 수밖에 없으며, CI를 통해 특정 개인을 유추할 수 없다고 장담할 수 없게 된다.

금융 마이데이터 이외의 타 영역으로 마이데이터를 확장하기 위해서는 CI만 가지고 개인 식별 Key로 활용하는 것은 어려울 것으로 예상된다. 그리고 마이데이터 사업이 법제화되기 이전에 사업자들이 사용하던 스크레이핑 방식을 일부 허용하거나, 중장기적으로 CI를 대체할 수 있는 수단을 마련하는 것이 마이데이터 사업의 확대와 안정화에 필수적이라 여겨진다.

마이데이터의 연결 – 표준 API

API 기반 금융 마이데이터 사업 시행 전에 기존 핀테크 업체들은(예: 뱅크샐러드, 토스 등) 사용자 동의에 기반하여 얻어진 본인 정보를 가지고, 특정 금융사나 공공기관 그리고 정부 사이트에 접근하여 웹 페이지에 있는 데이터 중 특정 정보를 긁어 오는 스크레이핑 기술을 이용하여 정보를 모으고 가공하여 사용자에게 서비스를 제공하였다.

스크레이핑 방식은 개인의 동의를 얻고 나면, 특별히 정보제공자와의 사전 규약 없이도 정보를 얻어 올 수 있기 때문에 단기적 서비스의 확장성이 높다는 장점이 있다.

하지만 이 방식은 중장기적으로 보안의 문제성이 높은 방식이다. 웹 스크레이핑이 악용되었을 때, 정보제공자에게는 해킹이나 침해로 인식되지 않기 때문에 기존 보안 시스템으로 접근 필터링 되지 않는다. 그러므로 해커 조직에 의해 합법적인 경로로 데이터를 수집하고 공격을 기획할 수 있는 기회를 제공할 수도 있다.

마이데이터의 시대가 온다

사용자 입장에서는 마이데이터 사업자들이 본인 개인정보와 관련된 어떠한 자료를 갖고 있는지 알기가 힘들다. 또한 기술적인 단점으로 수집 대상의 웹 사이트가 변경될 때, 또는 매크로 방지 기술 등과 같이 자동화된 로봇 탐지 방어 기술이 적용되었을 경우 정보를 취합하기 어렵다.

이러한 문제점을 해결하기 위해 금융 마이데이터 사업에서는 기존 스크레이핑 기술사용을 전면 금지하고 표준 API를 통하여 정보제공자와 통신하며, 서로 협의된 정보대상 항목만을 얻을 수 있게 하였다.

API 방식을 구현하기 위해서는 전송되는 데이터의 표준화와 공동 API 사용을 위한 통신 당사자 간 사전 협의 및 작업 등에 적지 않은 시간과 노력이 소요되지만, 구축 이후에는 더 안정적인 운영과 속도가 보장되며, 특히 서비스의 보안성이 높아지는 장점이 있다.

API 방식도 보안이 완벽하다고 할 수 없지만, 서비스 공격 표면이 단순화되어 보안을 집중 관리할 수 있게 됨으로써 보안 관리가 수월하고 공격 탐지 및 대응이 훨씬 용이해진다.

다만, API방식은 각각의 마이데이터 사업자들이 모두 동일한 인터페이스, 동일한 데이터를 수집할 수 있기 때문에 마이데이터 사업자 입장에서는 타 서비스 대비 차별성을 구현하기가 더 어렵다. 이뿐만 아니라, 데이터를 표준화하기 어려운 업종이나 사업영역에서는 적용하기가 어려울 수 있는 단점이 있을 수 있다.

마이데이터의 저장 - PDS

PDS(Personal Data Storage: 개인정보저장소)는 정보주체가 각 정보제공기관에 흩어져 있던 본인 데이터를 통합하여 안전하게 저장하고, 저장된 데이터를 전송요구, 제3자 제공·삭제 등 정보주체의 의지에 따라 관리·활용할 수 있는 플랫폼으로서 마이데이터에서 개인의 정보를 담을 수 있는 저장소 역할을 한다.

일반 저장 장치가 임의로 접근해서 읽고, 쓰는 것에 특별한 제약이 없는 반면에 PDS는 정보 접근에 대한 로깅도 가능하고 정보주체의 동의 없이 임의로 읽는 행위를 금지하고, 개인의 동의하에 제3자에게 특정 정보 항목을 보낼 수 있는 등의 기술 특성을 가진 저장소이다.

현재 금융 분야 마이데이터에서는 정보주체가 금융권 종합포털을 통해 금융의 본인개인정보 전송을 요구하였을 경우 거점 중계기관을 통하여 흩어져 있는 정보제공자들의 산재된 개인정보를 취합하여 종합포털에 있는 개인용 PDS에 개인정보를 저장하고 고객은 PC나 휴대 단말기를 통하여 종합포털에 있는 개인 PDS에서 내용을 조회할 수 있도록 구성되어 있다.[109]

전자우편 등 기존 정보 전달 매체에 비해 보안 수준이 대폭 향상되고, 타인에게 개인 정보가 유출될 가능성이 적어지게 된다.

---

109) 금융위원회, 마이데이터 기술 가이드라인 2021 https://www.fsc.go.k

마이데이터의 시대가 온다

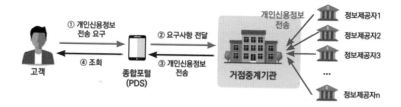

〔그림 20〕 마이데이터의 저장과 데이터 흐름도

　금융분야에서는 마이데이터 사업자의 개인정보 저장에 대한 특별한 기술 규격을 제한하지 않는 반면, 공공분야 마이데이터에서는 모든 개인정보의 저장은 전자문서지갑이나 PDS 사용을 의무화하는 것으로 보인다.(행정안전부고시에서는 PDS라는 용어 대신에 보안저장소라는 용어를 사용한다.)

　따라서 공공 마이데이터 사업자들은 공공기관의 개인정보 이용기관이 되기 위해서는 자체적으로 보안저장소(PDS)를 구축하여야 하고 전송받은 개인정보는 반드시 보안저장소에 저장관리 해야 한다.[110]

　이미 수년 전부터 마이데이터 사업을 추진한 나라에서는 다양한 형태의 PDS 플랫폼을 개발했다. 가장 먼저 시작한 영국은 mydex라고 명명된 클라우드 형태로 정부가 운영하는 중앙집중형 플랫폼으로 되어있다. 다수의 국가에서 사용하는 Digi.me는 민간에서 개발·운영하는 서비스로 개인화된 클라우드나 개인의 스마트폰에서 정보를 수집·관리, 제3자 제공 여부를 결정할 수 있는 분산형 서비스로 제공되고 있다.

---

110) 행정안전부고시 2021-82호, 본인에 관한 행정정보의 제공 등에 관한 고시

최근에는 블록체인 기반의 분산형 PDS 기술도 크게 각광을 받고 다양한 기술 개발이 이루어지고 있다.

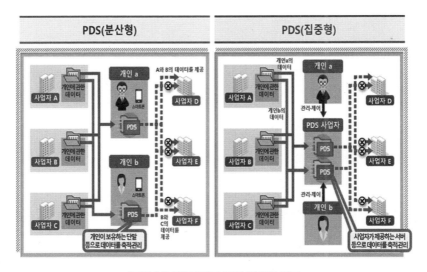

〔그림 21〕 마이데이터 PDS 플랫폼 비교

우리나라는 아직 PDS 관련 기술에 대한 개발과 관심이 부족한 편이나, 국내 마이데이터 제도와 정책에 적합한 국내 PDS 관련 기술 개발을 확보하여 개인정보의 자기 결정권을 보장하고, 데이터 활용 선진국으로 도약하기 위해서 관련 기술 확보가 절실하다고 판단한다.

전통적인 보안 VS 제로 트러스트

금융분야와 공공분야의 마이데이터 사업자 선정과 관련된 고시나 가이드 안에는 다양한 기술적 요구사항들이 있다. 마이데이터가 안정적으로 시장에 안착하여 성공적인 사업으로 정착하기 위해서는 무엇보

마이데이터의 시대가 온다

다 개인정보에 대한 보안이 우선시 되어야 한다는 판단은 누구도 다르지 않을 것이라고 생각된다.

하지만 기존 전통적인 보안 기술과 특정 형태의 기술을 사업자에게 의무화하는 것이 바람직하고 미래 지향적인지 제고할 필요가 있다. 미국 바이든 행정부는 작년 5월에 사이버 보안 강화를 위한 행정명령을 발표했다. 미국 정부는 보안성이 확인된 내부망 환경조차도 안전을 신뢰하지 않은 '제로 트러스트' 개념을 기반으로 새롭게 보안을 구축할 것을 지시하였다.

「전자서명법」을 통해 국내에 안착되면서 안전한 IT 인프라를 구축하는 데 큰 역할을 했던 공인인증서는 PC 중심의 컴퓨팅 시대에서 모바일 컴퓨팅 환경으로 넘어가면서 국민들에게 IT 분야의 대표적인 한계 요인으로 여겨지고 있다. 이제는 디지털 대전환의 시대로서 IT환경과 기술 변화가 예전보다 훨씬 가속화되고 있다. 기존 기술, 특정 기술과 제품을 강요해서는 보안성이 높아지는 것이 아니라, 미래의 산업인 마이데이터 사업자의 경쟁력만 약화시킬 수 있다.

아울러, 망분리 정책에 대한 재검토도 필요하다. 현재 마이데이터 사업자들에게도 망분리를 요구하고, 기존 보안 시스템을 구축을 강제화하고 있다. 하지만, 클라우드 컴퓨팅의 발전 등으로 인하여 제3자 리스크도 커지는 다양하고 복잡한 IT 환경으로 발전하고 있다.

망분리 된 환경에서도 스턱스넷 공격과 같은 대형 사고가 발생할 수 있다는 사실은 널리 알려져 있다. 마이데이터 사업자들의 혁신과 사용자의 요구에 대한 빠른 대응에 커다란 걸림돌이 될 규제보다는 사업자들이 스스로 각자의 환경에 맞는 보안정책을 구현하고 관리하며, 사고 발생 시에 책임을 질 수 있는 정책으로 보안의 대전환을 논의해야 할 시점이다.

마이데이터의
시대가 온다

마이데이터 도약을 위한 과제

▌금융마이데이터의 주요 이슈와 앞으로의 과제

신용정보원 심현섭 빅데이터센터장

　금융분야 마이데이터는 2018년 7월, 금융위원회의 도입방안[111] 발표 이후 법제화 추진[112]과 실무준비[113] 등에 3년 이상의 장기간이 소요되었다. 우리나라의 금융마이데이터 산업은 전 세계적으로도 유례가 없이 수천여 개[114] 금융회사 등을 정보제공자로 하여 동시에 진행되는 것으로, 준비과정에서 예기치 못한 어려움이 곳곳에서 발생하였다. 이러한 어려움들은 금융당국을 비롯한 유관기관들의 헌신적인 노력과

---

111) 「금융분야 마이데이터산업 도입방안」, (2018. 7월, 금융위원회)

112) 2018. 11월, 신용정보법 일부 개정법률안 국회 제출(김병욱 의원 대표발의)

113) 실무준비를 위해 금융위 주관으로 데이터 표준API 워킹그룹(2019. 5월~8월(1차), 2019.10월 ~2021.1월(2차))을 구성하였으며, 서비스분과(간사:한국신용정보원)와 기술분과(간사:금융보안원)로 나누어 운영

114) 모든 금융업권과 전자금융업자 및 공공기관 등 5천여개 법인(법인 수는 개별 은행·카드·보험회사 뿐만 아니라 농·수협조합, 새마을금고, 신협 등도 개별 법인 기준)

공동목표를 위한 이해관계자들의 양보로 하나씩 해결해 왔으며, 그 결과 2021년 12월의 시범서비스를 시작으로 2022년 1월 1일부터는 본격적인 서비스가 개시되었다.

한국신용정보원은 산업도입 초기부터 워킹그룹의 간사로 활동하였으며, 2021년 2월부터 마이데이터 지원센터를 개소하여 산업의 원활한 출범을 지원하고 있다. 또한 산업이 본격적으로 출범한 이후에도 제공데이터 확대를 위한 표준화, 참여기관 및 산업통계 관리 등 산업의 안정적 운영에 필요한 지원업무에 최선을 다할 것이다. 여기서는 그동안 금융마이데이터 산업 준비과정에서 제기되었던 주요 이슈와 과제들을 간략하게 살펴본다.

전송대상 데이터 확대

「신용정보법」의 전송요구권은 GDPR[115]을 참고했는데, GDPR은 이동권 행사 대상정보를 "정보주체가 컨트롤러에게 제공한 자신에 관한 개인정보로, 처리가 동의 또는 계약을 근거로 하는 경우, 처리가 자동화된 수단에 의해 수행되는 경우"로만 규정(제20조)할 뿐 전송대상 데이터에 대해서는 아무런 규정이 없다. 이에 반해 우리나라의 금융마이데이터는 제도의 조기안착과 산업활성화를 위해 전송대상 데이터의 개요를 법률에서 규정하고, 세부내역은 워킹그룹을 통해 각 이해관계자의 의견을 광범위하게 수렴하여 시행령에 반영하였다.

---

115) General Data Protection Regulation(EU의 일반개인정보보호규칙. 2018.5.25.부터 적용)

마이데이터의 시대가 온다

워킹그룹은 금융, 핀테크 등 각 업권에서 약 70개사가 참여하였으며, 전송대상 데이터에 대한 광범위한 수요조사[116]와 의견수렴[117]을 진행하였다. 그 결과 스크레이핑을 기반으로 마이데이터 서비스를 제공해 오던 핀테크업계의 요청정보 800여 개 중 민감정보와 영업비밀을 제외한 200여 개 정보를 제공대상으로 확정하여 시행령에 반영하였다. 그리고 이후 제공대상 데이터에 대해 API규격 등 기술표준을 마련하여 정보제공자와 마이데이터사업자가 전산개발에 착수하였다.

그러나 금융마이데이터 관련 업무가 본격화되면서 기존 스크레이핑 기반 서비스와 API 제공대상 정보항목에 대한 차이점이 부각되면서 제공데이터 확대에 대한 요구가 지속적으로 제기되었다. 이에 대해 정보제공자는 프라이버시 침해 우려 또는 제3자 정보 제공근거 불명확 등 어려움을 들어 제공대상 데이터를 둘러싸고 상당한 진통을 겪었다. 게다가 촉박한 일정에 따라 제공데이터 확대를 위한 정보제공자의 전산개발기간 확보가 어려운 사정도 많았다.

업권	제공데이터	쟁점사항
① 전자금융	주문내역정보*	프라이버시 침해 가능성, 신용정보의 범위 확대 우려 등
② 은행 등	적요 · 거래내역메모	제3자정보 제공의 적법성 등

---

116) 핀테크사의 스크레이핑 기반 통합조회 서비스 데이터 항목과 각 금융회사 홈페이지에서 고객이 조회할 수 있는 정보항목 참고

117) 수집된 정보항목을 대상으로 각 업권별 소분과를 개최하여 각각의 정보항목을 A(신용정보), B(신용정보는 아닌 상품정보), C(민감, 가공정보, 영업비밀)로 구분하여 A는 제공데이터로 확정하고, B는 제공여부를 재논의하고, C는 제공대상에서 제외하기로 협의

| ③ 보험 | 보장내역, 계약자 – 피보험
자 상이건 등 | 제3자정보 제공의 적법성 등 |

〔표 35〕 제공데이터 확대 주요 대상

* 주문내역정보는 13개 카테고리로만 제공(가전/전자, 가전/전자, 도서/문구, 패션/의류, 스포츠, 화장품, 아동/유아, 식품, 생활/가구, 여행/교통, 문화/레저, 음식, e쿠폰/기타서비스)

이후 금융당국을 중심으로 수차례 업권 간 협의를 거친 결과 당초 제공대상이 아니었던 은행계좌적요, 보험보장내역, 카드가맹점정보 등도 소비자보호장치[118]를 전제로 제공대상에 포함하였다. 향후에도 법적 쟁점[119] 해소와 해당 업권의 제공 참여 유도 등을 통해 전송데이터가 지속적으로 확대될 것으로 기대한다.

식별 key(CI)

마이데이터는 다수의 정보제공자로부터 정보를 일괄조회하여 서비스를 제공하므로 동일한 정보주체임을 식별할 수 있는 key가 반드시 필요하다. 현재 정보주체를 식별하는 key는 정보제공자별로 다양[120]하게 운영하고 있다. 그중 주민등록번호는 법령에 특별한 규정이 없는 한 사용이 금지[121]되어 범용 식별 key로 활용하기 어려운 단점이 있다. 이에 따라 금융마이데이터에서는 주민등록번호 처리의 최소화와 범용성을

---

118) 해당 정보제공에 대한 별도 위험고지 및 별도 동의, 제3자 제공 및 마케팅 목적 활용금지 등

119) 금융업은 다양한 법령에 따라 사업을 운영하고 있으며, 이 과정에서 정보제공근거가 없거나 불명확한 경우가 많이 발견되고 있음

120) 주민등록번호, CI, DID, 고객번호, 주소, 전화번호, 카드번호 등

121) 개인정보 보호법 제24조의2

마이데이터의 시대가 온다

고려하여 CI[122]를 식별 key로 사용하기로 하였다.

CI는 2000년대 초 온라인에서 주민등록번호를 이용한 본인확인 시 부작용이 많이 발생함에 따라 주민등록번호 대신 본인을 확인할 수 있는 대체수단[123]으로 도입된 것으로 「정보통신망법」에 따라 지정된 본인확인기관이 발급할 수 있다.

한편, CI가 온라인에서 다양하게 이용되고 있지만 발급 및 이용 등에 대해 법령상 상세한 규정이 없어 금융마이데이터에 CI를 활용하는 데에 실무상 어려움이 많이 발생하였다. CI가 없는 경우 정보제공자는 전송요구권을 행사한 정보주체를 특정할 수 없어 마이데이터 사업자에 대한 데이터 전송이 불가능하게 된다. 그런데 금융권에서도 CI를 사용하지 않거나, 사용하더라도 DB에 저장하지 않는 정보제공자가 상당하였다. 이에 따라 금융당국에서 관계부처 간 수차례 협의를 통해 정보제공자가 보유한 기존 고객의 주민등록번호를 CI로 일괄변환할 수 있도록 조치[124]하였다.

이 외에도 정보제공자가 기존 고객에 대해 CI를 보유하고 있더라도 대부분 마이데이터의 통합인증 목적으로 수집한 것이 아니어서 활용목적이 달라 재변환이 필요했고, 공공마이데이터 연계와 관련하여 대

---

122) Connecting Information, 연계정보

123) 정보통신망법 제23조의2 개정('12.2월 시행)

124) '21.5월말 혁신금융서비스 지정으로 일괄변환 근거 마련(마이데이터 통합인증을 위해 주민등록번호를 CI로 일괄 변환 가능)

부분의 공공기관이 CI를 활용하지 않고 있어 협조체계[125]를 마련하는 등에 상당한 기간이 소요되었다.

한편, CI의 활용이 확대되면서 폐지론자[126]의 주장도 점차 거세지고 있는 만큼 전 산업에 마이데이터를 확산시키기 위해서는 공통적인 식별 key 활용방안을 마련하여야 한다. 아울러 현시점에서는 CI 외에 유용한 수단을 찾기 어려우므로 이에 대한 법적 근거를 명확화할 필요가 있다.

통합인증

정보제공자는 안전한 개인신용정보 전송을 위하여 정보주체가 개인신용정보 전송을 요구할 경우 해당 주체가 맞는지 확인하여야 하며[127], 금융마이데이터에서는 이를 위해 반드시 본인인증을 하도록 하고 있다.[128] 본인인증은 개별인증방식[129]과 통합인증방식[130]이 있으며, 정보제공자는 고객이 통합인증 및 개별인증 중 하나를 선택하여 인증을 수행할 수 있도록 하여야 한다. 다만, 중계기관을 이용하여 데이터를 전송하는 경우에는 개별인증방식을 별도로 제공하지 않아도 된다.

---

125) 공공기관 보유데이터에 대한 전송요구권 행사를 위해서는 CI 도입이 필요하였으나, 공공기관에서는 CI를 활용하지 않고 있어 활용근거 및 예산 마련과 전산개발 등에 시일 소요

126) CI는 법적근거없는 새로운 주민등록번호이므로 폐지 필요

127) 신용정보법 제33조의2 제8항

128) 금융분야 마이데이터 기술가이드라인 제4장 참고

129) 고객이 개별 정보제공자가 제공 또는 인정하는 인증수단을 이용하여 각 정보제공자별로 개인신용정보 전송요구 및 인증을 수행하는 방식

130) 고객이 통합 인증기관이 발급한 인증수단을 이용하여 1회 인증만으로 다수의 정보제공자에 개인신용정보 전송요구 및 인증을 수행하는 방식

마이데이터의 시대가 온다

금융마이데이터에서는 인증결과의 안전성 및 신뢰성 보장과 함께 모든 정보제공자가 공통적으로 정보주체를 인증할 수 있도록 인증결과에 CI를 제공할 수 있는 다중요소 공개키인증서[131]를 통합 인증수단으로 정하였으며, 「정보통신망법」상 지정받은 인증서 본인확인기관[132]이 통합인증서를 발급·관리하는 인증기관으로 참여할 수 있도록 하였다.

당초 마이데이터 서비스 개시를 목표로 했던 '21.8월초까지는 이용절차가 복잡한 공동인증서 발급기관만이 통합인증기관으로 참여하였다. 그리고 이용이 간편한 전자서명인증사업자는 「전자서명법」에 따른 인정절차를 통과하지 못하여 사용자의 불편이 매우 우려되었다. 이에 따라 관계부처 간 협조로 관련 절차를 가속화한 결과, 8월 말부터는 전자서명인증사업자가 속속 등장하여 마이데이터서비스 이용자들이 다양한 통합인증수단을 편리하게 이용할 수 있게 되었다.

통합인증수단은 금융분야에서만 사용할 수 있는 것은 아니므로 마이데이터 서비스가 산업간 연계·확대될 경우 타 산업에서도 필요한 행정절차를 거쳐 다양한 인증수단을 편리하게 활용할 수 있을 것이다.

---

131) 안전하게 생성·보호된 개인키 및 공개키 인증서로서, 인증요구를 위한 전자서명을 생성하기 위해 개인키 인증정보(비밀번호, 생체정보 등)를 요구하는 방식을 말함(금융분야 마이데이터 기술가이드라인 제4장 참조)

132) 2021년 12월초 현재 인증사업자는 ① (공동인증서 발급기관) 금융결제원(범용/은행용), 코스콤(범용/증권용), 한국정보인증(범용/은행용), 한국전자인증(범용), ② (전자서명법상 인정받은 전자서명인증사업자) NHN페이코, 신한은행, 국민은행, 네이버, 금융결제원, 토스, 뱅크샐러드 등

진입 및 운영 관련 규제체계

일반적으로 각종 사업에 대한 진입규제는 허가, 등록, 신고 등으로 운영되고 있다. 현재 우리나라의 금융업은 전업주의를 채택하고 있으며, 고유·겸영·부수업무에 대한 규제강도가 높은 편이다.[133] 마이데이터 사업도 이러한 진입규제체계를 고려하였으며, 개인신용정보 보호를 위하여 허가제[134]를 채택하였다. 또한 겸영업무와 부수업무는 법령에 명시하는 열거주의[135]를 채택하고 있다.

한편, 현재 진행 중인 「개인정보 보호법 개정법률안」은 개인정보관리 전문기관에 대해 '지정'을 요건으로 하고 있으며, 겸영·부수업무에 대해서는 규정을 두지 않고 있다.

시장에서는 이러한 진입규제체계에 대해 마이데이터 사업의 핵심이 통합조회에 있는 만큼 자율성과 창의성을 바탕으로 데이터산업을 활성화하기 위해 진입규제를 최소화하고 겸영·부수업무에 대한 규제를 완화할 필요가 있다는 주장도 제기되고 있다. 진입규제는 제반 여건을 고려한 입법적 판단의 문제이며[136], 방대한 개인정보를 다루는 마이데이

---

133) 허가받은 업무만 영위. 유럽은 업권을 구분하지 않고 인가받은 업무를 모두 영위할 수 있으며, 겸영·부수업무에 대한 규제도 상대적으로 약한 편임

134) (허가요건) 자본금, 전산설비, 대주주·임원 적격, 전문성 등

135) 영위가능한 사업을 법령에 명시. 명시하는 방식은 positive방식 또는 negative방식, 포괄주의 또는 열거주의 등

136) 등록 또는 신고제도 고려(신고제 운영시 ISMS-P등 주기적 점검방안 강구 필요). 허가제 운영시 창업·중소기업의 대규모 인적·물적 투자에 따른 부담 완화방안(시설투자에 대해 예산 지원, 법인세 감면 등)도 검토 가능. 또한 겸영업무에 대해서는 "금융관련법령에서 인허가·등록받은 업무는 겸영 가능"하다는 형태 등으로 열거주의의 한계를 확대하거나, 부수업무는 negative 방식으로 규제하는 방안 등

마이데이터의 시대가 온다

터 사업의 특성상 엄격한 개인정보보호 필요성도 고려할 필요가 있다.

전송데이터의 정확성 제고 및 정보보호·보안 강화

마이데이터는 수많은 정보제공자로부터 다양한 데이터를 전송받아 서비스를 제공하게 되는 바, 데이터 전송에 수많은 참여자의 시스템 개발이 필요하여 오류 발생 가능성이 산재해 있다. 이에 따라 전송되는 데이터의 정확성·최신성 유지가 매우 중요한데, 전송되는 데이터가 부정확할 경우 소비자의 불신으로 산업 자체의 신뢰도가 훼손될 우려가 있다. 서비스 개발 시 정확성을 철저하게 검증하여 오류를 방지하고, 만약 오류가 있는 경우 참여자 간 신속한 사후처리를 위해 긴밀한 관리체계를 마련할 필요가 있다. 서비스 초기단계인 금융마이데이터에서는 아직까지 특별한 문제가 발생하지 않고 있으나, 향후에도 지속적인 점검을 통해 안정적 서비스 제공에 최선을 다할 것이다.

이와 함께 금융소비자가 마이데이터 서비스를 안심하고 이용할 수 있도록 엄격한 정보보호·보안체계도 마련하였다. API방식의 정보제공이 본격화되면 기존 사업자의 개인신용정보 스크레이핑이 금지되며, 마이데이터 서비스 프로그램 등은 기능적합성 심사[137]와 보안취약점 점검[138]이 의무화되어 종전보다 안전한 통합조회·관리가 가능하게 되었다.

---

137) 마이데이터 서비스 프로그램의 신용정보법령상 행위규칙 준수 여부, 표준API 규격 적합성 등을 서비스 출시 및 주요 기능 변경 전 사전심사

138) 마이데이터 서비스 관련 시스템·앱 일체에 대해 금융보안원 점검기준에 따라 전금법상 평가 전문기관이 연 1회 이상 보안취약점 점검 수행

비용 및 과금체계

마이데이터 산업을 유지하기 위해서는 데이터 전송, 공동인프라 구축, 인증 및 식별 key 활용 등에 다양한 비용이 소요된다. 마이데이터 산업의 원활한 운영을 위해서는 이러한 다양한 비용을 누가, 어느 정도로 부담하는 것이 적정한지에 대해 생태계 참여자 간 합의가 필요하다. 정보제공자의 소요비용 보전과 마이데이터사업자의 서비스 운영 부담도 고려하여야겠지만, 산업의 활성화와 정보주체의 권리보장이란 관점도 고려하여야 할 것이다.

「신용정보법」에서는 '정기적인 데이터 전송'에 대해 마이데이터사업자에게 최소한의 비용을 부담하게 할 수 있도록 규정[139]하고 있으며, 비용 산정기준 등은 전송요구권 행사 대상 개인신용정보의 특성·처리비용 및 요청한 개인신용정보의 범위·양 등을 고려하여 금융위원회가 정하여 고시[140]할 예정이다. 다만, 산업활성화와 적절한 과금체계 마련을 위한 데이터 축적을 위해 산업출범 후 1년간 과금을 유예하고 있다.

워킹그룹 운영 시 국내외 유사 서비스에 대한 과금 사례를 조사하였는데, open banking 등에 대해 다양한 모델을 찾을 수 있었다[141]. 이러한 과금모델들을 검토한 결과, 현실적으로는 호출 건수 모델[142]과 정

---

139) 제22조의9 제6항

140) 신용정보법 시행령 제18조의6 제11항

141) (해외) 월정액, 종량제, 일부무료+추가분 과금 등, (국내) 금융결제원의 오픈뱅킹 수수료

142) API 이용 건수별로 요금 부과(마이데이터 사업자의 불필요한 API 이용을 최소화할 수 있으나, 부담 과도 우려)

마이데이터의 시대가 온다

액제 모델[143]이 가장 이해하기 쉬운 것으로 파악되었다. 금융마이데이터에서는 추후 산업 운영 시 산출되는 통계를 바탕으로 전문기관의 용역 등을 통해 과금모델을 산출할 계획이며, 이해관계자들의 의견을 광범위하게 수렴하여 적정한 과금체계를 마련할 예정이다.

마치며

이제 금융분야 마이데이터가 본격적으로 출범하였다. 전 세계 어느 나라도 가지 못했던 길을 처음으로 열어나가는 과정이 순탄치 않았으나, 그간 수많은 생태계 참여자들 간 다양한 이해관계 조정과 연관된 제도의 미비점을 하나하나 해결해 나가면서 길고 긴 여정 끝에 첫선을 보이는 만큼, 앞으로의 기대가 매우 크다. 수천여 사업자 간에 방대한 정보를 정확하고 안전하게 전송하는 기반을 마련하고, 새로운 방식으로 서비스를 제공하게 된 데에는 금융당국을 비롯하여 워킹그룹에 참여하거나 관련 시스템을 개발한 수많은 금융회사와 유관기관 임직원들의 헌신이 있었다. 안전한 방식의 새롭고 방대한 서비스 네트워크가 성공적으로 가동된다는 것만으로도 매우 큰 의미가 있으며, 전송되는 데이터 항목은 순차적·지속적으로 확대되어 금융마이데이터 서비스가 나날이 고도화될 것으로 기대한다.

---

143) API 누적 이용 건수를 기준으로 구간별 사용료 책정(API 누적 이용 건수별로 과금액을 유기적으로 조정가능하며, 마이데이터 사업자가 성장하는 정도에 따라 비용 부담 가능)

아무쪼록 금융마이데이터가 타 분야 마이데이터의 테스트베드로서 우리나라 데이터 산업 활성화의 마중물이 될 수 있도록 생태계 참여자 모두가 산업의 안착과 건전한 발전에 더욱 더 힘쓸 것이다.

마이데이터의 시대가 온다

ESG시대 공공 마이데이터 가치

한국지능정보사회진흥원 오강탁 본부장

디지털· 비대면 시대 공공 마이데이터

우리 사회의 디지털 전환(Digital Transformation)이 가속화되면서, 디지털화된 개인에 대한 데이터(마이데이터)에 AI, 빅데이터, 클라우드 등 디지털 기술이 접목됨에 따라 고부가가치 자원으로 변화하고 있다. 공공분야를 비롯해 금융, 보건의료, 문화관광, 교육 등 다양한 분야에서 마이데이터 기반의 개인 맞춤형 서비스 제공을 통해 부가가치를 창출하고 사용자들에게 새로운 디지털 경험을 제공하고 있다. 행정기관 등 공공기관에서 보유하고 있는 개인에 대한 데이터나 각종 증명서 등은 우리가 경제사회 활동을 하는 데 있어서 중요한 역할을 한다. 따라서 공공 마이데이터 플랫폼은 국가 마이데이터 생태계의 핵심 기반으로 인식되고 있다.

디지털·비대면 시대에서 마이데이터가 산업의 새로운 동력으로 부상 중이다. 우리나라가 마이데이터 산업 선도국으로 도약하기 위해서는 마이데이터 산업에서 큰 축을 담당하고 있는 공공 마이데이터 플랫폼의 활성화가 급선무라 할 수 있다. 공공 마이데이터 플랫폼의 활성화는 핵심 이해관계자들의 신뢰뿐만 아니라 참여에 달려있다. 그리고 이들의 참여는 이들에게 제공되는 편익과 가치의 크기에 전적으로 의존한다.

이 글에서는 지난해부터 시작된 공공 마이데이터 서비스가 국민, 정부, 기업에게 제공하는 사회·경제적 편익과 가치를 분석하고자 한다. 아울러 공공 마이데이터 관점에서 국가 마이데이터 생태계의 활성화를 위한 마이데이터의 미래 방향을 제안하고자 한다.

공공 마이데이터, 국민이 편해진다

공공 마이데이터가 국민에게 제공하는 가장 큰 편익과 가치는 자기 데이터에 대한 통제권 강화와 서비스 이용자의 편의성 향상이다. 마이데이터 서비스가 공공 또는 민간기관의 서비스에 도입되기 전에는 서비스 이용자가 개별 기관으로부터 필요한 증명서류 또는 구비서류를 발급받아 제출해야 하는 번거로움이 있었다. 예를 들어, 소상공인진흥공단의 소상공인정책자금 지원을 신청하고자 하는 소상공인은 사업자등록증, 부가세과세표준증명서, 건강보험자격득실확인서, 지방세납세증명서 등 약 15종의 구비서류를 준비하여 제출해야 했다.

그러나 공공 마이데이터 서비스가 도입되면서 서비스 이용자인 소상인들의 불편과 부담이 획기적으로 줄어들게 되었다. 이제 더 이상 서비스 이용자가 필요한 서류를 준비하기 위해서 개별 기관의 웹사이트나 기관을 방문할 필요가 없이 필요한 정보(증명서류 또는 구비서류)를 서비스 제공기관에 디지털 데이터 형태로 제출할 수 있게 되었다. 정보주체 본인에 관한 행정정보의 제공 요구권이 도입되었기에 가능해진 혁신적 변화이다.

마이데이터의 시대가 온다

〔그림 22〕 공공 마이데이터 활용 사례: 소상공인 정책자금 신청
(출처: 오강탁(2021.9) 공공 마이데이터 추진동향 및 이슈, IT서비스학회 발표자료)

또한 작년 12월부터는 「정부24 앱」을 통해 공공 마이데이터 포털에 접근하여 본인에 관한 행정정보를 자신의 전자지갑에 내려받거나 본인이 지정한 제3기관에 전송할 수 있게 되었다. 이뿐 아니라 이용 가능한 마이데이터 꾸러미 서비스 목록과 본인 정보의 제공 및 이용 내역도 확인할 수 있게 되어 정보 주체의 자기정보 통제권이 한층 더 강화되었다.

서비스	설명
보내기 (선택/정기적)	본인 전자문서지갑으로 본인 개인정보 전송
	본인 개인정보를 골라 원하는 이용기관에 전송
	주, 월 단위 주기로 선택 보내기
서비스 이용	마이데이터 서비스 목록 확인 및 선택 이동
제공/이용내역	제공요구 이력 확인
	정기적 보내기 내역 확인 및 관리
	이용기관의 본인 개인정보 활용 내역
자주 쓰는 마이데이터	자주쓰는 마이데이터 항목 즐겨찾기

〔표 36〕 공공 마이데이터 포털의 주요 서비스

코로나19 이후 디지털·비대면 서비스가 일상으로 빠르게 자리 잡아가고 있는 상황에서 공공 마이데이터 서비스는 비대면 종이 없는 업무처리(Untact & Paperless Service)를 가능하게 함으로써 공공 서비스에 대한 국민의 접근성과 활용성을 혁신적으로 향상시키는 데 크게 기여할 것이다.

공공 마이데이터, 정부가 효율화 된다

행정 및 공공기관에 있는 내 정보를 본인 또는 원하는 곳으로 보낼수 있는 공공 마이데이터 서비스는 행정기관 등 공공기관의 업무처리의 효율성도 제고한다.

업무처리에 필요한 정보(구비서류나 증명서)를 보유기관으로부터 데이터 형태로 제공받아 업무를 처리할 수 있어 오류 없이 신속하게 업무를 처리할 수 있다. 업무담당자가 신청인으로부터 제출받은 서류상의 정보를 보고 입력하거나, 행정정보 공동이용 시스템에서 해당 정보를 열람·확인하고 직접 시스템에 입력하여 업무를 처리할 필요가 없다. 이뿐만 아니라 특정 업무처리에 필요한 최소한의 필수 정보만 선별하여 묶음 정보 형태로 제공받을 수도 있어 신속한 업무처리뿐만 아니라 개인정보 유출의 위험 없이 안전하게 업무를 처리할 수 있다.

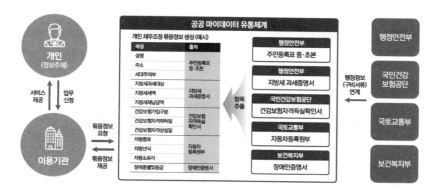

〔그림 23〕 공공 마이데이터 묶음정보 서비스 사례: 신용회복위원회의 개인채무조정심사

공공 마이데이터 서비스는 국민들에게 자기 정보에 대한 열람, 전송, 통제권을 보장하는 것이 핵심이다. 따라서 마이데이터 기반의 서비스는 기본적으로 공급자 중심이 아니라 수요자 주도(Citizen-driven)의 서비스라 할 수 있다. 행정 또는 공공기관에 흩어져 있는 정보를 정보주체인 국민에게 요구하지 않고, 내부(Back-end office)에서 기관 간에 데이터를 디지털 방식으로 공유하여 업무를 처리하는 것이다.

따라서 공공 마이데이터 기반의 서비스는 공공기관 행정의 신뢰성, 투명성, 그리고 책임성을 제고하는 데 크게 기여할 것으로 기대하고 있다.

공공 마이데이터, 기업은 수익을 창출한다

공공 마이데이터는 금융뿐만 아니라 건강·의료, 미디어, 교육, 문화 등 비금융 분야에서 데이터 기업의 성장 기반을 제공한다. 우선 공공 마이데이터는 민간 데이터 기업들에게 양질의 데이터를 제공한다. 데이터 기업의 비즈니스 모델은 기본적으로 개인 또는 법인의 상황적 속성 정보에 기반하여 설계된다.

이들 데이터 기업의 비즈니스 모델이나 상품의 설계에 필요한 많은 주민등록번호, 사업자등록번호, 차량번호, 건강보험가입, 국세 또는 지방세 납부내역 등의 데이터는 행정이나 공공기관이 보유하고 있는 정보이다.

지난해 공공 마이데이터 유통 플랫폼이 구축되면서 이제 기업들은 행정 및 공공기관들이 보유하고 있는 개인에 대한 다양한 정보를 기계가 판독 가능한 형태로 제공받아 사용할 수 있게 되었다. 더불어 데이터 기업들은 행정·공공기관으로부터 제공받은 개인에 관한 공공 데이터와 민간영역에서 자신들이 서비스 과정에서 확보한 개인에 관한 데이터를 합쳐서 데이터 비즈니스의 근간인 데이터베이스의 풍부성 (Richness)과 무결성(Integrity)을 향상시킬 수 있다.[144]

4차 산업혁명 시대의 비즈니스 창출 기회는 새로운 데이터 확보와 분석 역량으로 만들어진다. 따라서 새롭게 구축된 데이터베이스를 토대로 데이터 기업들은 이전에는 생각할 수 없었던 생활 밀착형 초개인화 (Hyper-personalization) 서비스를 제공하여 수익 창출의 혁신을 만들어 낼 수 있을 것으로 전망된다.

---

144) 현재 30여개 행정기관들이 공공 마이데이터 유통 플랫폼에 참여하고 있으나, 공공 마이데이터가 가지고 있는 편익과 가치에 대한 플랫폼 참여자들의 인식이 확산되고 있고 사회·경제적인 수요도 증가하고 있어 가까운 장래에 모든 행정 및 공공기관이 공공 마이데이터 유통 플랫폼에 참여할 것으로 기대.

마이데이터의 시대가 온다

궁극적으로 공공 마이데이터는 분야별 마이데이터 사업의 활성화뿐만 아니라 금융, 헬스케어, IT 등 분야 간 데이터 결합으로 창의적인 산업과 비즈니스의 융합을 촉진할 것이다.[145]

공공 마이데이터, ESG에 기여하다

현재 전 세계 모든 정부와 기업에게 ESG 경영은 필수 현안 과제이다. 한국전력공사가 지난해 말 미국 국제금융공사의 석탄 관련 퇴출 대상 기업 명단에 오르고 다국적 활동 연기금으로부터 투자회수를 통보받는 상황에 직면하고 있는 실정이다.

상황이 이렇다 보니, 지난해 9월 정부도 '2050 탄소중립 선언'을 발표하고 공공기관의 공시대상에 ESG 항목을 추가하였다.[146]

〔그림 24〕 ESG 경영 모델

---

145) 2021년 10월 마이데이터 사업 본허가를 받은 기업은 총 58개 사로 핀데크, 빅데크, 인슈어테크 등의 기업이 다수를 차지하고 있음. 참고로 IT기업으로는 LG CNS가 유일.
146) 한국경제, ESG 경영 선도 역할 해낼까, '21.9.15

모든 비대면 디지털 서비스는 기본적으로 종이절감, 이동소요 절감에 따른 탄소배출 저감, 거래관계의 투명성 제고 등으로 ESG에 기여한다. 공공 마이데이터 서비스도 예외는 아니다. 그러나 여러 기관에 분산되어 있는 데이터를 통합적으로 제공하여 업무를 처리하는데 초점을 두고 있는 마이데이터 서비스의 ESG 경영, 특히 환경 분야에 기여하는 바는 크다. 공공 마이데이터 서비스는 종이 서류를 공공 마이데이터로 대체해 종이 사용량을 획기적으로 줄인다.

IDC 조사에 따르면 우리나라의 한 해 복사·출력용지 사용량은 A4용지 425억 장에 달한다.[147] A4용지 425만 장으로 발생하는 환경오염을 상쇄하기 위해서는 30년생 원목 425만 그루가 필요하다[148] 따라서 필요한 구비서류를 디지털 데이터로 대체함으로써 얻을 수 있는 환경적 차원에서의 효과는 단순히 종이 사용량의 절감뿐만 아니라 사용자가 구비서류를 발급받기 위해 정부나 공공기관을 방문하면서 발생시키는 이동비용과 탄소배출량 절감 효과도 포함된다.

실례로 소상공인시장진흥공단의 분석에 따르면, 마이데이터 기반의 '소상공인 정책자금지원 신청' 서비스 도입으로 3개월 약 160만 장의 종이 절감과 4.8톤의 탄소 배출량 절감 효과가 나타났다. 지난해 공공 마이데이터 이용 통계에 따르면 24종의 마이데이터 묶음 정보는 총 2,443만 건이, 개별 행정정보는 3,287만 건이 유통되었다. 공공 마이데

---

147) 한국전자문서산업협회, 전자문서 이용 활성화 전략수립 보고서, 2008.12, p3에서 재인용
148) GS칼텍스 미디어 허브 [지구를 위한 탄소 다이어트], 2020.11.28

마이데이터의 시대가 온다

이터가 ESG 경영에 미치는 영향은 가늠하기가 쉽지 않을 정도로 크다.

공공 마이데이터, 어디로 가야하나?

한국의 공공 마이데이터는 도전적인 첫걸음을 시작했다. 공공 마이데이터 유통 플랫폼과 콘텐츠도 만들었다. 그리고 「전자정부법」 개정에 따른 시행령, 고시 등 법제도를 마련하였고 공공마이데이터심의위원회도 구성하여 기본적인 거버넌스도 갖추었다. 그러나 공공 마이데이터 플랫폼이 국가 마이데이터 생태계의 근간으로 성장하기 위해서는 아직 가야 할 길이 멀다.

우선, 국가 마이데이터 연계 허브(Hub)로서 공공 마이데이터 플랫폼 전략이 필요하다. 현재 부분적으로 공공과 금융 마이데이터 플랫폼간 연계가 추진되고 있으나 범국가 차원에서 통합적인 마이데이터 연계 플랫폼에 대한 논의는 미진한 상황이다. 물론 분야별 마이데이터 플랫폼을 단일 허브로 모두 연계하는 것에 대해서는 데이터 오너십, 개인정보보호 등의 이슈로 인해 실현 가능성(Feasibility)에 우려가 있다.

그러나 공공과 금융뿐만 아니라 분야별 마이데이터 서비스가 본격화되면 마이데이터 플랫폼 간 엄청난 양의 데이터가 송·수신될 것으로 예상되고, 막대한 연계 비용이 발생할 개연성이 높다. 따라서 분야별 마이데이터 플랫폼의 독립성과 데이터 오너십(Owenership)을 보장하면서도 국가 차원에서 비용 효과적이고 안전하게 데이터가 유통될 수 있는 공통 인프라로서 국가 마이데이터 대표 허브 구축에 대한 전략이 필요하다.

최근 전자정부 신흥 선도국으로 인정받고 있는 에스토니아 전자정부의 공통기반인 엑스로드(X-Road) 플랫폼은 벤치마킹할 수 있는 사례라 할 수 있다.[149]

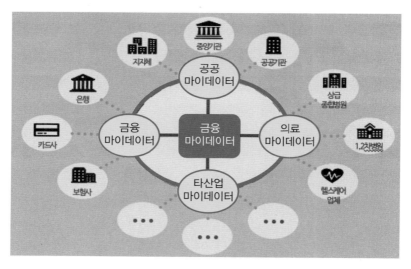

〔그림 25〕 국가 마이데이터 대표 허브

다음은 마이데이터 플랫폼의 자기강화(Self reinforcing) 선순환 메커니즘의 구축이다. 이를 위해서는 공공 마이데이터 플랫폼의 콘텐츠 확충이 선행되어야 한다. 행정과 공공기관이 보유하고 있는 본인에 관한 행정정보는 기계가 판독 가능한(Machine readable) 형태로 더 많이 플랫폼에 제공되어야 한다.

---

149) 우리나라의 행정정보 공동이용 플랫폼과 유사하지만 플랫폼 참여기관과 공유 데이터의 범위에서는 큰 차이가 있다. 에스토니아의 경우에는 정부기관 뿐만 아니라 민간기관까지도 엑스로드 플랫폼을 통해선 필요한 정보(DB)를 상호 공유할 수 있다.

마이데이터의 시대가 온다

이는 정보를 보유하고 있는 데이터 오너십에 대한 데이터 보유기관들의 인식이 전환되어야 가능해진다. 데이터에 대한 통제권은 데이터의 주체인 개인에게 있고 배타적인 소유가 아니라 공유를 통해서 부가가치를 창출할 수 있다는 인식이 중요하기 때문이다. 이용 가능한 본인에 관한 행정정보가 풍부해져야 다양한 정보의 조합을 통한 새로운 서비스의 제공으로 플랫폼 참여자 모두에게 편익과 긍정적인 변화 경험을 느낄 수 있게 한다. 이렇게 되어야 마이데이터 플랫폼의 자기강화·선순환 구조(Self reinforcing · virtuous mechanism)의 구축이 가능해진다.

끝으로, 공공 마이데이터 플랫폼의 기술적 기반을 강화해야 한다. 분야별 마이데이터 플랫폼 간의 자유로운 데이터의 공유가 가능한 개방형 국가 마이데이터 플랫폼을 구축하기 위해서는 데이터 전달체계, 인증방식, 데이터 보존 기간, 데이터 무결성 검증 방식, 보안 저장소 형식 등에서 표준화가 중요한 과제이다.

현재 각 기관 또는 분야별 마이데이터 플랫폼별로 본인인증 방식과 보안체계가 달라 플랫폼 간 상호운용성(Interoperability)에 어려움이 있다.

예시로 오픈 소스 코드의 제공을 통해 범정부 차원에서 통합 인증체계를 구축한 미국과 싱가포르 정부의 사례를 참고할 필요가 있다. 미국의 공공 마이데이터 플랫폼에서는 login.gov(그림 26) 참고)라는 인증수단을 사용한다. 미국 정부는 인증수단만을 제공하는데 그치지 않고 누구나 쉽게 해당 인증수단을 이용할 수 있도록 필요한 코드를 오픈소스로 제공하고 있다.

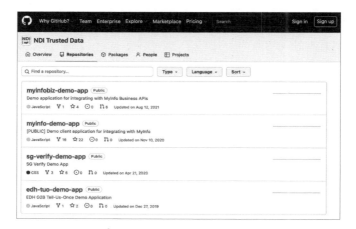

〔그림 26〕 미국 정부의 마이데이터 login.gov 서비스 화면

싱가포르 정부도 미국과 다르지 않다. 싱가포르 정부는 범정부 통합인증 체계를 기반으로 데모용 어플리케이션(MyInfo Demo Application)까지 제공하고 있다.(〔그림 27〕 참고) 공공 마이데이터 서비스를 제공하고자 하는 기관 담당자는 사용자 인증, 동의관리 등 기본적인 기능 구현을 고민할 필요가 없어 더 좋은 서비스를 기획하는 데 노력을 집중할 수 있다.

〔그림 27〕 싱가포르 정부의 MyInfo 데모 서비스 화면

공공을 포함한 국가 마이데이터 플랫폼의 개방성과 상호운용성 확보를 위해서는 글로벌 표준을 준수하는 것도 중요하다. OpenID[150], OAuth 2.0[151], OpenAPI 3.0 등은 해외 정부뿐만 아니라 구글, 페이스북, 카카오, 네이버 등 민간기업에서도 공통적으로 이용되고 있다. 글로벌 표준의 준수는 아주 먼 미래의 일이겠지만 우리 정부가 제공한 인증수단으로 미국, 핀란드, 싱가포르 등 해외 정부가 제공하는 디지털 서비스도 이용할 수도 있게 된다.

4차산업혁명위원회가 최근 발표한 마이데이터 대국민 인식 실태 조사결과[152]에 따르면 마이데이터에 대한 국민의 인식과 기대가 높다. 향후 서비스 형태별 이용 희망 서비스에서는 증명서 발급 간소화(75.4%)와 개인 데이터 통합조회(67.3%)에 대한 서비스 수요가 가장 높은 것으로 나타났다.

4차위의 조사결과는 공공 마이데이터 플랫폼의 중요성을 환기시켜 주고 있다. 공공 마이데이터 플랫폼이 국민, 정부, 그리고 기업 모두의 편익 증진과 가치창출에 기여할 수 있기를 기대한다.

---

150) OpenID는 비영리 재단인 OpenID 재단(OpenID Foundation)에서 관리하는 인증 수단
151) 타사의 사이트에 대한 접근 권한을 얻고, 그 권한을 이용하여 개발할 수 있도록 도와주는 프레임워크
152) 4차산업혁명위원회(2022.1.20.) 4차위, 마이데이터 대국민 인식조사 보도자료.

마이데이터의 성공조건과 마이데이터의 미래

4차산업혁명위원회 데이터기획관 배일권

마이데이터는 개인에게 데이터 주권을 되돌려 주고 데이터 활용에 대한 커다란 패러다임의 변화를 초래할 것이다. 또한 마이데이터는 차세대 데이터 산업의 핵심 자원으로서 각광받고 있다.

이 글에서는 앞으로 마이데이터 제도(산업)이 금융분야에서 전 분야로 확산되고 성공적으로 발전하기 위한 성공조건을 먼저 살펴보고자한다. 또한 앞으로 마이데이터가 어떻게 발전해 나갈 것인지에 대해서도 간략히 예측해보도록 할 것이다.

마이데이터 제도(산업)의 성공 조건

마이데이터 제도가 성공하기 위해서는 여러 가지 요건이 필요한데 이 요건을 마이데이터 생태계의 참여자인 정보 주체, 데이터 제공자, 마이데이터 사업자, 정부 측면에서 살펴보도록 하겠다.

첫째, 정보 주체의 관점에서 마이데이터에 대한 인식제고 및 필요성에 대한 사회적 공감대 형성이 필요하다. 마이데이터가 최근 몇 년에 걸쳐 등장하면서 급성장한 만큼 국민들에게는 아직 생소한 개념이다.

4차산업혁명위원회의 대국민 설문조사[153]에 따르면, 마이데이터에 대해 응답자의 75%는 "알고 있거나, 들어본 적이 있다."라고 응답했다. 하지만 "한 번도 들어본 적이 없다."라는 응답 역시 전체의 1/4을 차지했다. 이렇다 보니 마이데이터에 대한 이해가 부족하거나 전송요구권에 대해 오해를 하는 경우도 있다. 마이데이터가 정보 주체의 의지를 기반으로 제3자로 이전되는 것임에도 불구하고, 데이터의 과도한 상업적 활용에만 초점을 맞춘 우려와 비판의 시각이 존재한다.[154] 마이데이터를 통해 이전되는 정보도 가급적 최소화해야 한다는 주장도 제기되고 있다.

하지만, 마이데이터는 기본적으로 정보 주체의 요구·지시가 없으면 데이터가 이전되지 않은 구조임을 상기할 필요가 있다. 정보 주체인 국민들은 정보 수신기관이 제공하는 서비스를 선택하고, 해당 서비스를 받기 위해 필요한 정보를 본인이 직접 전송 요구하게 된다. 서비스 제공자가 제공하는 서비스가 마음에 들지 않는 경우 정보 주체는 전송을 중단하고 이미 전송된 정보의 삭제를 요구할 수도 있다. 마이데이터가 정보 주체에게 데이터 주권을 돌려주고 있다고 평가받는 이유이다.

마이데이터는 정보 주체의 합리적인 판단에 의한 정보 이전이라는 점에서 과거 정보 주체가 정보 사용기관의 요청에 따라 소극적으로 "제3자 정보제공에 동의"를 해주던 방식과는 접근법 자체가 다른 제도

---

153) 4차산업혁명위원회 보도자료, "4차위, 마이데이터 대국민 인식조사 실시", 2022.1.19.
154) 이종현, "초읽기 들어간 마이데이터··· 이용자 '자기결정권'에는 의문부호", 디지털데일리, 2021.12.13.

제 2 장 • 마이데이터, WHERE ARE TO GO?

277

이다. 물론 정보 주체의 권리가 제대로 실행되기 위해서는 정보 주체가 의도한 바대로 정보가 활용되어야 하고, 정보 주체가 삭제권 등을 제대로 행사할 수 있어야 하며, 정보 이전·활용 과정에서 정보가 유출되지 않도록 보안도 철저해야 한다.

그러나 이러한 부분은 제도가 성공적으로 운영되기 위해 지속적으로 갖추고 정비해야 할 부분이지, 이러한 고려사항들로 인해 제도의 활성화 자체가 제한되지는 않아야 한다.

이런 관점에서 정보 주체인 개인은 마이데이터 제도가 데이터 주권을 실현하기 위한 필수제도라는 인식을 확실히 가져야 할 것이며 이 제도가 당초의 목적대로 운영될 수 있도록 감시하고 목소리를 낼 필요가 있다.

둘째, 데이터 제공자의 측면에서 살펴보면 마이데이터가 성공하기 위해서는 정보 보유기관의 적극적인 참여 유도가 필요하다. 데이터 주권이 제대로 실현되기 위해서는 정보 주체인 소비자가 원하는 대로 데이터가 이전될 수 있어야 한다. 이를 구현하기 위해서는 가급적 많은 개인의 정보가 전송요구 대상이 되는 것이 바람직하다. 하지만, 마이데이터 제공 주체인 플랫폼 사업자, 온라인 상거래 회사 등 소비자의 정보를 대량으로 축적·보유하고 있는 기업들은 아직까지는 '축적된 데이터가 정보주체의 것'이라는 인식이 부족한 편이다. 보유기관이 가진 정보가 회사의 자원 또는 경쟁력으로 인식되다 보니, 마이데이터를 위한 정보 개방에는 소극적이거나 법령상 강제화 되지 않는 경우 자발적으로 공개하지 않으려는 경향이 있다.[155] 하지만 근본적으로 정보 보유기관이 보유하고 있는 정보는 정보주체의 활동으로 인해 생성된, 정보 주체의 정보라는 점도 잊지 말아야 한다. 따라서 마이데이터 관련해서 정보 보유기관 역시 소비자들의 정보가 가급적 개방되도록 협력할 필요가 있다. 다만, 이전되는 일부 민감정보나 제3자의 정보를 포함한 개인정보 등은 정보 주체의 다양한 정보가 포함되어 있는 만큼 사회적 합의가 필요하다. 아울러, 기업에서 정보 제공이 쉽게 이루어질 수 있도록 정부 차원의 다양한 정책적 지원도 수반되어야 한다.

아무리 좋은 제도라도 참여자의 유인이 부족하면 활성화되기는 어렵다. 정보주체인 개인의 관점에서는 많은 데이터가 개방되면 좋겠지만, 정보 보유기관 입장에서는 데이터 개방에 따른 적절한 인센티브가 없다면 개방 관련 전산설비 운영 등 비용이 수반되는 데이터 개방에 참여할 유인이 낮다. 금융마이데이터의 경우 중·소형 금융회사에게도 정보제공 의무를 부여하면서, 정보제공 기관의 부담을 완화하기 위해 금융보안원, 신용정보원 등 공공성 있는 기관을 지원기관 및 중계기관으로 지정하여 부담경감 지원을 병행하고 있다.[156] 금융마이데이터가 여타 분야로 확산될 때도 이를 참고할 필요가 있다.

---

155) 2020년 8월, 전자상거래업체는 금융 마이데이터의 전송대상인 신용정보 범위에 '주문내역정보'가 포함되지 않는다는 성명서를 발표하기도 하였다.

156) 제22조의9(본인신용정보관리회사의 행위규칙) ⑤ 제4항에도 불구하고 신용정보제공·이용자 등의 규모, 금융거래 등 상거래의 빈도 등을 고려하여 대통령령으로 정하는 경우에 해당 신용정보제공·이용자등은 대통령령으로 정하는 중계기관을 통하여 본인신용정보관리회사에 개인신용정보를 전송할 수 있다.

셋째, 마이데이터 사업자 측면의 관점에서 살펴보면 마이데이터가 성공하기 위해서는 신뢰성과 창의성이 필요하다고 할 수 있다. 마이데이터 사업자는 오퍼레이터와 데이터 서비스 사업자의 이중적인 역할을 수행하고 있다. 데이터 오퍼레이터의 중요한 역할은 이용자들에게 신뢰를 주는 것이다. 마이데이터 생태계가 원활하게 운영되기 위해서는 데이터 오퍼레이터로서의 마이데이터 사업자가 수집된 마이데이터를 오남용하거나 보안을 제대로 하지 않아 유출되지 않고 안정적으로 운영할 것이라는 믿음이 필수적이라 할 것이다.

반면 데이터 서비스 사업자로서는 개인을 위해 창의적인 서비스를 제공할 수 있느냐가 중요하다. 서비스 제공자 입장에서는 소비자들의 마음을 잡을 수 있을 만큼 차별화된 서비스 제공 방안을 고민해야 한다.

과거에 데이터는 유통·거래 규모가 큰 대기업, 플랫폼 기업에 쌓이는 경향이 있었다. 하지만 마이데이터를 통해서는 대형 기업들의 정보가 소규모 서비스 제공자로 전달될 수 있게 된 만큼 기업들의 정보에 대한 접근권이 대폭 확대되었다. 플랫폼의 독과점도 완화할 수 있지만, 동시에 시장에 차별화된 서비스를 제공하지 않으면 살아남기 어려운 구조가 되었다.

4차산업혁명위원회의 설문조사[157]에 따르면 일반 국민들은 마이데이터를 통해 받고 싶은 서비스로 건강·의료분야를 가장 최우선으로 꼽았으며, 금융, 소비·지출 분야, 문화·관광, 교육·취업, 교통이 그 뒤를 이었다. 아울러 서비스 형태별로는 증명서 발급 간소화, 개인데이터

---

157) 4차산업혁명위원회 보도자료, "4차위, 마이데이터 대국민 인식조사 실시", 2022.1.19.

통합조회, 맞춤형 상품·서비스 추천서비스, 유용한 프로그램 제공 등을 기대하는 것으로 나타났다. 서비스 제공자인 마이데이터 사업자들이 참고할 만한 대목이다. 앞으로도 마이데이터 사업자들은 정보주체인 소비자가 원하는 서비스가 무엇인지 지속적으로 수요조사를 하면서 여타 사업자와 차별화된 서비스를 제공할 필요가 있다. 이를 뒷받침하는 제도는 진입장벽을 최소화함으로써 창조적 아이디어가 있는 다양한 사업자들도 시장에 참여할 기회를 제공해야 한다.

4차산업혁명위원회의 대국민 설문조사에 따르면 마이데이터에 대해 일반 국민들의 약 85%가 "마이데이터가 실생활에 도움이 될 것으로 기대한다."라고 응답했다. 좋은 서비스가 제공되면 마이데이터의 성장 가능성이 충분하다는 점을 입증한다.

마이데이터는 '내손안의 금융비서'처럼 흩어진 내 정보를 통합 조회하거나 맞춤형 금융상품 추천 등 서비스로 시작되었지만, 앞으로 개인 데이터를 기반으로 창의적인 서비스도 많이 출시될 것으로 기대된다. 데이터를 통해 개인 생활의 편리함과 후생이 증진되면서 동시에 산업적 측면에서 역시 부가가치 창출의 기회가 될 것으로 전망된다.

넷째, 정부도 마이데이터 제도(산업)의 성공을 위해서 중요한 조연 역할을 수행하여야 한다. 먼저 각종 분야에서 마이데이터가 활성화될 수 있도록 법적 기반을 튼튼히 할 필요가 있다. 또한 민간 등 시장의 다양한 참여자가 정보주체가 필요로 하는 서비스를 제공할 수 있도록 합리적으로 진입제도를 설계할 필요가 있다.

또한 정보 보유기관의 데이터 제공을 확대하기 위해 정보제공 의무대상 범위를 폭넓게 설정하되 민간의 참여 유도를 위한 비용감축, 인센티브 제공 등도 추진해야 할 것이다. 이 과정에서 공공기관은 공익적 필요성이 특히 큰 분야, 인프라 제공 등에 집중하고 서비스 개발·제공 등 업무는 민간 전문기관이 수행하도록 하여야 할 것이다. 그리고 마이데이터 제도의 신뢰성 확보를 위해서 개인정보보호, 자료 보안이 철저히 이루어지도록 정보수신자에 대한 사전심사 및 촘촘한 사후관리 의무 부과도 필요할 것이다.

마이데이터의 미래는?

우리나라의 마이데이터 제도가 어떻게 발전해 나갈 것인지 예측하는 것은 쉽지 않다. 왜냐하면 범국가적인 마이데이터 제도의 도입 및 운영은 다른 어느 나라도 아직 가보지 않은 전인미답의 길이기 때문이다. 다만 현재 정부의 마이데이터 발전종합계획 및 국내외적 정책 동향 등을 통해 우리나라 마이데이터의 미래를 유추해 볼 수 있지 않을까 생각한다. 여기서는 데이터의 이동권 확대 측면과 데이터 주권 측면으로 나누어 살펴보고자 한다.

앞으로 마이데이터 제도는 개인에 대한 서비스 제공에서 시작되었지만 법인까지 확대될 수 있을 것이다. 4차산업혁명위원회는 2021년 12월 전체회의에서 「개인사업자 데이터 활용 촉진 방안」을 발표하였다. 동 방안에서는 개인사업자의 데이터 활용 체계의 제도화가 필요하며, 행정안전부가 「전자정부법」을 통한 전송요구권 행사대상에 개인사업자까지 포함되도록 추진하고, 소상공인 자금지원 서비스와 마찬가지로

마이데이터의 시대가 온다

다양한 개인사업자 활용 마이데이터 서비스를 발굴할 것을 강조하고 있다. 다만, 법인사업자의 마이데이터 도입에 대해서는 중장기적 과제로 제시하였다. 법인에 대한 마이데이터 제도가 도입되기 위해서는 개인과 마찬가지로 사회적 합의를 거쳐 관련 법령 제·개정이 필요할 것이다.

또한 마이데이터 제도 도입으로 인한 데이터 이동권이 비개인정보의 이동권으로 확대될 것으로 판단된다. IoT 환경에서 개인정보와 비개인정보간 경계가 점점 모호해지고 있으며 디지털 기술의 발달로 비개인정보가 개인정보를 능가할 것으로 예상되기 때문에 비개인정보에 대한 이동권에 대한 법적 규율이 늘어날 것으로 생각된다.

데이터 주권 측면에서 살펴보면 우리나라의 경우 금융, 보건의료, 통신 등 도메인별로 마이데이터 제도가 도입되고 발전할 것으로 판단된다. 다만 이러한 도메인별 발전이 이루어진 후에는 융합의 단계로 도약할 수 있을 것이다. 이런 융합의 단계에서는 개인 중심으로 융합데이터 생태계가 만들어지고, 마이데이터는 도메인 관점에서 나의 관점으로 획기적으로 전환될 것이다.

또한 마이데이터를 통해, 데이터는 산업기반에서 지역사회 기반으로 확장해 나갈 수도 있다. 특히 스마트 시티가 활성화되고 자율주행자동차가 운행될 때쯤이 되면 지역사회 기반의 마이데이터가 한층 중요해질 것이다. 나의 데이터가 나의 가족데이터, 나의 지역 데이터로 확대되는 진정한 의미의 또 다른 마이데이터 생태계가 만들어질 것으로 생각된다. 이러한 지역사회 기반의 마이데이터는 지역사회 행정서비스의 편의성을 제고하는 측면에서 활용될 수 있을 것이다.

개인에서 시작된 마이데이터가 데이터 이동권 확산, 개인 중심 융합 마이데이터 생태계 조성을 거쳐 지역사회 마이데이터까지 확대되는 미래를 꿈꾸어 본다.

마무리하며

마이데이터 생태계가 활성화되기 위해서는 무엇보다도 정보주체인 개인이 데이터 주권에 대한 인식을 확실히 가져야 한다. 또한 신뢰할 수 있는 마이데이터 생태계를 구현하기 위해서 정부가 본연의 역할을 충실히 수행해야 할 것이다.

마이데이터는 이제 막 걸음마를 뗀 만큼 아직 가야할 길이 무궁무진하다. 하지만 개인의 소중한 정보가 시스템을 통해 이전되는 과정을 거쳐야 하는 만큼 사회적 합의, 철저한 보안 등을 거치면서 활성화되어야 부작용과 이로 인한 사회적 비용을 최소화하면서 발전할 수 있을 것이다.

마이데이터가 성공적으로 성장해나갈 수 있다면 관련 산업의 성장에 따른 일자리 창출뿐만 아니라 국가적 부가가치 창출을 견인해줄 것으로 기대된다. 이것이 4차산업혁명위원회가 이 시점에서 관계부처와 함께 마이데이터를 중점 추진하는 이유이다.

마이데이터의 시대가 온다

:: 참고문헌

〔국내〕

- 개인정보보호위원회, 『2020 개인정보보호 실태조사 최종보고서』, 2021.3.
- 개인정보보호위원회, 『개인정보 이동권 & 개인정보관리 전문기관 도입배경 및 향후 기대효과』, 대한민국 마이데이터 정책 컨퍼런스 발표자료, 2021.11.25.
- 개인정보보호위원회, 『마이데이터 데이터 표준화 방안』, 2021.9.
- 경기도, 『행안부−도 일자리재단, 24일부터 9개 사업에서 '공공 마이데이터' 시범 서비스 시작』, 2021.2.24.
- 고수윤 외, 『데이터이동권 도입을 위한 비교법적 연구』 과학기술법연구 제26집 제2호 (한남대학교 과학기술법연구원), 2020.6.
- 과학기술정보통신부, 『"내 의료정보 활용하여 질병 위험 예측하고, 편리한 건강관리" "내 교통이용 내역 제공하고, 쾌적한 대중교통 이용"』, 2020.6.11.
- 과학기술정보통신부, 『자신의 진료·유전체정보 분석해 암 위험도 예측하고, 여러 행정서류 모아 온라인 이사행정 구현한다.』, 2021.6.7.
- 과학기술정보통신부, 『진료이력부터 생활습관까지 마이데이터로 편리하게 건강관리" "에너지 마이데이터로 전기, 가스, 수도 요금 절감』, 2019.5.16.
- 구태언, 『데이터 산업진흥 및 이용촉진에 관한 기본법(데이터산업법)의 쟁점과 대안』, 「정보통신정책학회 발표자료」, 2021.
- 금융감독원, 『본인신용정보관리업(MyData) 허가 매뉴얼』 2020.8.
- 금융보안원, 『금융권 데이터 유통 가이드』 2020.10.
- 금융위원회 등, 『「데이터 표준 API」워킹 그룹(Working Group)을 구성·운영하여 금융분야 마이데이터의 조속한 정착을 지원하겠습니다』 2019.4.30.
- 금융위원회 등, 『API 방식을 통한 본인신용정보관리업(금융 마이데이터) 전면시행('22.1.1일)에 앞서 '21.12.1일 16시부터 시범서비스를 실시합니다.』 21.11.29.
- 금융위원회, 『금융분야 데이터활용 및 정보보호 종합방안』 18.3.19.
- 금융위원회, 『소비자 중심의 금융혁신을 위한 금융분야 마이데이터 산업 도입방안』 2018.7.
- 금융위원회·금융감독원, 『본인신용정보관리회사 허가 신청 관련 Q&A』 2020.7.

- 금융위원회·금융보안원, 『금융분야 마이데이터 기술 가이드라인』 2021.7.
- 금융위원회·신용정보원, 『금융분야 마이데이터 서비스 가이드라인』 2021.7.
- 김서안 외, 『유럽연합과 미국에서의 개인정보이동권 논의와 한국에의 시사점』, 중앙법학 21-4 (2019), 제281면 이하 참조
- 김지혜, 『마이데이터 사설인증서 허용 - 정부부처 협의체 만든다』, 전자신문, 2021.5.16.
- 박윤호, 『금융서비스 이용자 10명 중 8명 "마이데이터가 뭐죠?"』, 전자신문, 2021.04.29.
- 박재윤, 『행정기본법 제정의 성과와 과제 — 처분관련 규정들을 중심으로』, 『행정법연구』, 행정법이론실무학회, 2021
- 박재윤, 『행정기본법 제정의 성과와 과제 — 처분관련 규정들을 중심으로』, 『행정법연구』, 행정법이론실무학회, 2021.
- 뱅크샐러드, 『마이데이터맵과 비즈니스 확장성 보고서』, 2021.8.
- 4차산업혁명위원회 등, 『마이데이터 발전 종합정책』, 2021.6.11.
- 4차산업혁명위원회, 『4차위, 마이데이터 대국민 인식조사 실시』, 2022.1.19.
- 4차산업혁명위원회, 『국민 건강증진 및 의료서비스 혁신을 위한 「마이 헬스웨이(의료분야 마이데이터)」도입 방안』, 2021.2.
- 서울특별시, 『서울시, 6종 전세 이사서류 발급·관리 '서울지갑' 앱으로 한 번에』, 2021.12.1.
- 손승우, 『법안 제정 필요성 및 기대효과』, 『법안 공청회 발표자료』, 2019. 11. 25.
- 이동진, 『데이터 소유권(Data Ownership), 개념과 그 실익』, 『정보법학』 제22권 제3호, 한국정보법학회, 2018.
- 이동진, 『일반적으로 접근 가능한 개인정보의 처리와 이익형량』, 『정보법학』 제24권 제2호, 한국정보법학회, 2020.
- 이성엽, 『개인정보의 개념의 차등화와 개인정보이동권의 대상에 관한 연구』, 경제규제와 법 제12원 제2호, 2019.11.
- 이성엽, 『데이터 기본법의 의미와 주요내용의 분석 및 평가』, 신산업규제법 리뷰 제21-3호 한국법제연구원, 2021.12.31.
- 이성엽, 『데이터와 법』, 사) 한국데이터법정책학회, 박영사, 2021.

- 이영대 외, 『DB산업 선진화를 위한 법제 개선 방안 연구』, 한국데이터베이스진흥원, 2009.12.
- 이종현, 『초읽기 들어간 마이데이터… 이용자 '자기결정권'에는 의문부호』, 디지털데일리, 2021.12.13.
- 정일영 외, 『유럽 개인정보보호법(GDPR)과 국내 데이터 제도 개선방안』, STEPI Insight 227권, 과학기술정책연구원, 2018.12.
- 조기열, 『데이터 기본법안 검토보고』, 국회 과학기술정보통신위원회, 2021.2.
- 조성은 외, 『개인주도 데이터 유통 활성화를 위한 제도 연구』, 정보통신정책연구원, 2019.10.
- 조승래, 『'데이터 생산·거래 및 활용 촉진에 관한 기본법' 제정 취지 및 주요 내용』, 2019.11.25.
- 한국데이터산업진흥원, 『2019년 마이데이터 현황조사』, 2019.12.
- 행정안전부, 『공공 마이데이터 서비스 개념 가이드』, 2021.
- 행정안전부, 『행정정보공동이용 및 개인맞춤형 공공정보(공공 마이데이터)로 편의 높인 18개 기관과 개인 발표』, 2021.12.2.
- 행정안전부, 『공공 마이데이터 활성화 추진 계획』, 4차산업혁명위원회 '대한민국 마이데이터 정책 컨퍼런스' 발표자료, 2021.11.25.

〔국외〕

- Ackoff, R. L., 『From Data to Wisdom』, 『Journal of Applies Systems Analysis』, Volume 16, 1989.
- Australian Government—the Treasury, 『Consumer Data Right Sectoral Assessment—Telecommunications—Consultation Paper』, 2021.7.
- European Commission, 『Work stream on Data — Expert Group for the Observatory on the Online Platform Economy』, Progress Report. 2020
- Michal Wlosik, 『What Is a Data Broker and How Does It Work?』 February 4, 2019.(https://clearcode.cc/blog/what—is—data—broker/#what—are—data—brokers?))
- OECD, 『Enhancing Access to and Sharing of Data』, 2019.11.

4차 산업혁명 미래 보고서

마이데이터의 시대가 온다

초판 1쇄	2022년 3월 3일
지은이	김태훈 고환경 김현경 손지윤 심현섭 오강탁 이동범 이성엽 전재식 정성구 조영서 조재박 배일권 이종림 최재성 장순호 이영종
발행인	김재홍
기획/편집	전재진
마케팅	이연실
디자인	박효은
발행처	도서출판지식공감
등록번호	제2019-000164호
주소	서울특별시 영등포구 경인로82길 3-4 센터플러스 1117호{문래동1가}
전화	02-3141-2700
팩스	02-322-3089
홈페이지	www.bookdaum.com
이메일	bookon@daum.net
가격	18,000원
ISBN	979-11-5622-682-6 03500